Heinz Keuth

Sigmund Schuckert

ein Pionier der Elektrotechnik

Sigmund Schuckert

ein Pionier der Elektrotechnik

Von
Heinz Keuth

Siemens Aktiengesellschaft

Sigmund Schuckert, 1846–1895

Geleitwort

Sigmund Schuckert, hervorgegangen aus dem Nürnberger Handwerkerstand, hat sich durch sein großes technisches Fachwissen, sein handwerkliches Können und sein unternehmerisches Gespür zu einem der erfolgreichen Unternehmer des 19. Jahrhunderts entwickelt. Sein Lebenswerk ist eine der Wurzeln der heutigen Siemens AG.

Nach der Entdeckung des dynamoelektrischen Prinzips durch Werner von Siemens 1866 gelang es Schuckert, mit neuen Ideen und Verbesserungen eine schnell wachsende Produktion der Dynamomaschine aufzubauen. Damit legte er den Grundstein zu einem sich rasch entwickelnden Unternehmen, dessen Fertigungsspektrum bald auch Bogenlampen, Scheinwerfer, Zähler und Meßgeräte umfaßte. Eine seiner letzten großen Taten war 1890 der Bau einer Fabrik auf einem Gelände an der Landgrabenstraße in Nürnberg, die noch heute als Nürnberger Zählerwerk und als Nürnberger Maschinen- und Apparatewerk der Siemens AG fortbesteht und nun bald 100 Jahre alt wird.

Sigmund Schuckert konnte nicht ahnen, daß im März 1903 – acht Jahre nach seinem Tod – sein Name mit dem Werner von Siemens' eng verbunden würde: Die Siemens-Schuckertwerke GmbH wurde gegründet. Es war der Zusammenschluß der starkstromtechnischen Aktivitäten der Siemens & Halske AG und der Elektrizitäts-Aktiengesellschaft vorm. Schuckert & Co., zweier Unternehmen, die sich bereits seit einigen Jahrzehnten auf dem Gebiet der Elektrotechnik weltweit Anerkennung erworben hatten.

Sigmund Schuckert blieb zeitlebens ein bescheidener Mann, der sich immer auch in besonderem Maß um die sozialen Belange seiner Mitarbeiter kümmerte und der – ungeachtet vieler Ehrungen und internationaler Anerkennung – kein Aufhebens von seiner Person gemacht hat. Über sein Privatleben sind nur spärliche Angaben erhalten geblieben, weshalb bis heute keine ausführliche Biographie über diesen verdienten Pionier der Elektrotechnik erschienen ist.

Mit diesem Buch hat der Verfasser, der fast drei Jahrzehnte im Nürnberger Maschinen- und Apparatewerk tätig war, die herausragende Persönlichkeit Schuckerts vor dem Hintergrund seiner Zeit, der Industrialisierung Deutschlands und der sich rasch entwickelnden Elektrotechnik, anschaulich dargestellt. Die Schrift soll das Leben und Schaffen dieses bedeutenden Elektrotechnikers und Unternehmers würdigen.

Konrad Samberger

Vorwort

„Schuckerter“ heißen auch heute noch im Nürnberger Volksmund jene Mitbürger, die im Süden der Stadt in den großen elektrotechnischen Werken der Siemens AG ihren Arbeitsplatz haben. Und sie lassen sich diese Bezeichnung gern gefallen, denn sie ist keine abwertende, eher eine respektvolle Charakterisierung und eine Erinnerung an den „Vadder Schuckert“, den Gründer dieser Werke. In Nürnberg erinnern heute die Namen eines Platzes, einer Straße, eines Gymnasiums, einer Wohnungsbaugesellschaft, einer Stiftung sowie ein einfaches Denkmal an Sigmund Schuckert, einen Sohn dieser ehrwürdigen alten Reichsstadt.

Schuckert war Mitbegründer der Starkstromtechnik, also jenes Zweiges der Elektrotechnik, aus dem die heutige elektrische Energietechnik hervorgegangen ist. Wichtigste Voraussetzung hierfür war die Entdeckung des dynamoelektrischen Prinzips durch Werner von Siemens (1866), die die praktische Nutzung der elektrischen Energie erst ermöglichte. Heute ist diese Energieform aus unserem Leben nicht mehr wegzudenken. Der Grad ihrer Anwendung ist ein wesentliches Kennzeichen der Entwicklungsstufe eines Landes.

Geht man der Lebensgeschichte dieses bedeutenden Mannes nach, so stößt man bald an Grenzen. Auf dem Büchermarkt sucht man vergebens nach einer umfassenden Biographie Schukkerts. Es gibt zwar einige Aufsätze und Broschüren sowie eine leider nicht veröffentlichte Diplomarbeit über sein Leben und Werk, aber man findet kein Buch mit einer ausführlichen Beschreibung des Lebens und Wirkens dieses Handwerkers, Technikers und Unternehmers, der sich in hohem Maß um die Elektrotechnik verdient gemacht hat.

Sigmund Schuckert hat in der zweiten Hälfte des 19. Jahrhunderts in weniger als zwanzig Jahren ein Unternehmen geschaffen, das zu Weltgeltung gelangte. Sicher hatte Schuckert nicht den weiten Horizont und die Fähigkeit abstrakten Denkens wie Werner von Siemens, nicht den geschäftlichen Mut Emil Rathenaus und auch nicht die Cleverneß Thomas Alva Edisons.

Was ihn besonders auszeichnete, war technisches Verständnis, Fleiß und Zähigkeit, verbunden mit äußerster Solidität und Sinn für Präzision bei persönlicher Bescheidenheit und sozialem Verantwortungsbewußtsein.

Die bescheidene Hintansetzung des privaten Lebensbereichs bei Schuckert ist auch der Grund dafür, daß so wenig über seine Person zu erfahren ist. In den ersten zehn Jahren des Aufbaus seines Unternehmens kannte er praktisch kein Privatleben; er lebte nur für seine Firma. Und danach, als seine Fabrik zu blühen begann und er sich allmählich auch private Interessen leisten konnte, verbot ihm seine Bescheidenheit, diese für wichtig zu halten. So hinterließ er keine privaten Briefe und machte auch keine Aufzeichnungen über sein Leben. Seine Frau Sophie folgte nach seinem Tod ganz dieser zurückhaltenden Einstellung.

In dieser Schrift werden die Fakten aus dem Leben und Wirken Schuckerts mit Ereignissen und Verhältnissen seiner Zeit in Verbindung gebracht, um vor diesem Hintergrund ein Bild seiner herausragenden Persönlichkeit entstehen zu lassen.

Der Verfasser dankt dem Siemens-Museum in München, dem Nürnberger Maschinen- und Apparatewerk der Siemens AG und den Stadtgeschichtlichen Museen Nürnberg für die freundlicherweise zur Verfügung gestellten Bilder und Schriftstücke.

Nürnberg, im Mai 1988

Heinz Keuth

Inhalt

Kindheit und Jugend

Lehr- und Wanderjahre

Der Mechaniker und Erfinder

Der Fabrikbesitzer

Kindheit und Jugend

Sigmund Schuckerts Kindheit (1846–1853)

Am 18. Oktober 1846 wurde in der Johannesgasse 20 zu Nürnberg ein Bub geboren, der auf den Namen Johann Sigmund getauft wurde. Seine Eltern hießen Johann Bartholomäus und Barbara Schuckert. Es war eine Zwillingsgeburt. Das ein paar Stunden ältere Schwesterchen starb jedoch bald nach der Geburt. So wuchs Johann Sigmund als drittes Kind seiner Eltern auf.

Vater Bartholomäus war Büttnermeister und hatte seine Werkstatt im Erdgeschoß des Fachwerkhauses. Im ersten Stock waren Wohnraum und Küche, im Dachgeschoß die Schlafzimmer. Der Hof war vollgestopft mit Holz und Gerät für die Büttnerwerkstatt.

Das Schuckertsche Haus steht heute nicht mehr. Ein altes Foto zeigt, wie es um 1895 ausgesehen hat. Das ursprünglich sichtbare Fachwerk war zu dieser Zeit mit Putz überzogen. Später hat das Haus dem Anbau an ein benachbartes Hotel weichen müssen. An diesem wurde eine Gedenktafel für Sigmund Schuckert angebracht. Ein paar Nachbarhäuser aus der Zeit stehen heute noch, hübsch restauriert und sicher besser aussehend als vor hundert Jahren.

Die Johannesgasse ist die schmale Gasse, die von der Königstraße am Hotel Reichshof vorbei im Bogen zur Rückseite der Stadtsparkasse führt. In ihr wohnten damals überwiegend kleine Handwerker. Zwischen den Bewohnern herrschte ein gutes nachbarschaftliches Verhältnis, jeder kannte den anderen. Tagsüber spielte schreiend ein Haufen Kinder auf der Gasse und in den Höfen.

Bald konnte man einen von den Buben ganz besonders laut schreien hören. Das war der kleine, stämmige und flinke Sigmund, der eine kräftige Stimme hatte. Seine lebhafte Phantasie war im Erfinden immer neuer Spiele und Streiche unermüdlich. Dabei war er kein „Kneifer", wie sein Jugendfreund Greulein sich erinnerte. Freiwillig bezog er manche Tracht Prügel, wenn

Das Geburtshaus Sigmund Schuckerts in der Johannesgasse 20 in Nürnberg. Die Aufnahme stammt aus dem Jahre 1895. Das Fachwerk war zu dieser Zeit mit Putz überzogen. Heute steht an dieser Stelle der Anbau eines Hotels, an dem eine Gedenktafel an Sigmund Schuckert erinnert

die Bande Dummheiten angestellt hatte. Vor allem fühlte er sich immer als Beschützer der Kleinen und Schwächeren. So wurde er schon bald Anführer der Johannesgaßbuben.

Lassen wir den kleinen Sigmund noch Räuber und Gendarm spielen und werfen inzwischen einen Blick auf Zeit und Ort der Handlung: Es war spätes Biedermeier, die Zeit des „Vormärz". Nach den Aufregungen der Französischen Revolution, der Napoleonzeit und der vaterländischen Befreiungskriege war mit dem Wiener Kongreß die kalte Dusche der Restauration gekommen. Den hochgespannten Ambitionen früherer Jahre folgte nüchterner Empirismus. Die Wissenschaftler waren dabei, die Natur zu erforschen und zu entdämonisieren. Die Bürger aber hatten sich ins Familienleben zurückgezogen und suchten „das kleine Glück" zu Hause. Die Maler Richter und Spitzweg sowie die Dichter Mörike, Stifter und Wilhelm Hauff gaben dieser Zeit bleibenden Ausdruck.

Im Jahre 1847 erschien der noch heute beliebte „Struwwelpeter", das erste wirklich auf kindliches Denken zugeschnittene Bilderbuch. Bis dahin hatte es für Kinder nur belehrende Bücher mit „eingebautem erhobenem Zeigefinger" gegeben. Aus den vielen Bildern, die der Arzt Dr. Hoffmann für dieses Buch gezeichnet hat, läßt sich ersehen, wie die Bürger damals gekleidet waren. Der Herr trug den farbigen Frack mit langen engen Hosen, Pelerinenmantel und Zylinder. Bei den Damen waren Krinoline und Schultertuch in Mode. Den Kopf bedeckte eine zierliche Haube. Kinder wurden wie kleine Erwachsene oder wie Soldaten in Phantasieuniformen gekleidet. Der kleine Sigmund Schuckert hat sicher nicht die Kleidung des gehobenen Bürgertums getragen, denn seine Eltern lebten in bescheidenen Verhältnissen.

Nürnberg in der Mitte des 19. Jahrhunderts

Nürnberg hatte um 1846 etwa 50000 Einwohner. Abgesehen von wenigen Vororten wie Wöhrd und Johannis lag die Stadt noch innerhalb des Mauerrings. Die Tore wurden noch militärisch bewacht, denn Nürnberg behielt noch lange den Status eines „Waffenplatzes". Die Straßen waren nicht gepflastert, sondern mit Feldsteinen oder Schotter und Sand befestigt, im Sommer meistens staubig, im Winter morastig.

Noch dominierten Handel und Handwerk. Das Handwerk jedoch hatte schon viel von seinem einstigen Selbstverständnis verloren. „Verleger“ hatten Auftragsbeschaffung, Materialversorgung und Vertrieb weitgehend an sich gerissen und den Handwerkern einen Teil ihrer Selbständigkeit genommen. Zusätzliche Maßregelung ging von den Zünften aus.

Anfang des 19. Jahrhunderts waren bereits erste Ansätze zur Industrialisierung in vielen Bereichen festzustellen. Die Werkstätten mancher Bleistiftmacher begannen, sich zu kleinen Fabriken zu mausern. Am Dutzendteich, einige Kilometer vor der Stadt, hatte Wilhelm Späth schon 1825 eine kleine Gießerei und Maschinenfabrik errichtet. Anfänglich spezialisierte er sich auf die Reparatur der aus England stammenden Schermaschinen der Tuchmacher, aber schon bald bekam er genug andere Aufträge. Denn seit den dreißiger Jahren war der Ludwigs-Donau-Main-Kanal in Bau, und Späth lieferte die Eisenteile für viele der 101 Schleusen und 117 Brücken dieses imposanten Bauwerks.

1845 war der Kanal fertig. Im Hafen Nürnberg-Gostenhof fand die Eröffnung statt. Man feierte die glorreiche Verwirklichung des uralten Traums von einer schiffbaren Wasserstraße von der Nordsee bis zum Schwarzen Meer. Die Musik spielte den eigens für diesen Anlaß komponierten „Ludwigs-Donau-Main-Walzer“. Der Kanal war für 120-t-Lastkähne ausgelegt. Bald aber stellte sich heraus, daß Donau und Main für so große Schiffe nicht ausreichend schiffbar waren. Außerdem war inzwischen die Eisenbahn zu einer billigeren Konkurrenz geworden. So war der Kanal ein „Flop“; er erwies sich als unwirtschaftlich und wurde schon 1863 wieder stillgelegt.

Das Eisenbahnzeitalter hatte in Deutschland 1835 mit der Inbetriebnahme der Ludwigs-Eisenbahn von Nürnberg nach Fürth begonnen. In England war schon zehn Jahre früher die Strecke zwischen Stockton und Darlington eröffnet worden. Auch für die Ludwigs-Eisenbahn kam die Lokomotive, der berühmte „Adler“ von Stephenson, aus England – in Einzelteile zerlegt. Bei Wilhelm Späth wurde sie unter Leitung eines englischen Technikers zusammengesetzt. Späth lieferte auch die Weichen und Drehscheiben für die sechs Kilometer lange Privatstrecke Nürnberg–Fürth, die übrigens nie in das staatliche Schienennetz einbezogen wurde. Die Ludwigs-Eisenbahn blieb Lokalbahn; sie fuhr noch bis 1923, als bereits die Straßenbahn – ab 1881 als

Pferdebahn, ab 1896 als „Elektrische" – im innerstädtischen Personenverkehr Nürnbergs eingesetzt wurde.

In den ersten Jahren nach ihrer Inbetriebnahme war die Ludwigs-Eisenbahn für den Eisenbahnbau in Deutschland ein Initialzünder. Denn die Erfahrungen mit dem anfänglich von den Menschen ängstlich angesehenen „Maschinenungeheuer" waren durchaus positiv. Weder entgleiste der mit 40 km/h dahinbrausende Zug, noch traten bei Passagieren und Personal die von namhaften Ärzten vorausgesagten Gehirnschäden ein. Überall in Deutschland entstanden nun neue Eisenbahnlinien in atemberaubendem Tempo. Bereits 1840 war die Gesamtlänge des Streckennetzes in Deutschland auf 500 Kilometer angewachsen.

Der Eisenbahnbau gab wiederum der Industrialisierung in Deutschland entscheidende Impulse. In den westlichen Nachbarländern war die Industrie schon früher mächtig aufgeblüht. Dagegen konnte sich zu Anfang des 19. Jahrhunderts in dem durch Zollschranken und unterschiedliche Währungen, Gesetze und Maßsysteme verzettelten Deutschland lange nichts bewegen. Wenigstens waren 1834 die Zollschranken weggefallen. Als in den Jahren nach 1838 überall Eisenbahnen entstanden, stieg auch der Bedarf an Stahl, Eisenbahnzubehör und Kohle steil an. Zechen, Stahlwerke und Gießereien schossen wie Pilze aus der Erde.

Im Nürnberger Vorort Wöhrd gründete bereits 1837 Johann Friedrich Klett eine Werkstätte für Eisenbahnbedarf, aus der wenig später die zweite Maschinenfabrik in Nürnberg hervorging. Sie wurde später die größte Waggonfabrik Deutschlands und schloß sich mit der Maschinenfabrik Augsburg zur MAN zusammen.

Der erste Bahnhof Deutschlands stand am Nürnberger Plärrer. Schon bald darauf sollte Nürnberg einen zweiten Bahnhof bekommen, denn 1840 begann der Bau der staatlichen Ludwigs-Süd-Nord-Bahn. Zuerst entstand die Strecke von Nürnberg nach Bamberg. Sie wurde 1844 in Betrieb genommen. Der neue Nürnberger „Centralbahnhof" wurde aber nicht am Plärrer gebaut, wo ihn der Magistrat gerne gehabt hätte, sondern vor dem Frauentor. Auf besonderen Befehl des Königs wurde er „im mittelalterlichen Style" errichtet, damit er sich dem alten Stadtbild besser anpasse. So entstand 1846 ein neugotischer Bau, mit Stufengiebeln und vielen spitzen Türmchen.

Nach 1844 wurde die Bahn in Richtung München weitergebaut. Da sich die Nürnberger im Revolutionsjahr 1848 aufmüpfig benommen hatten, wurde noch im gleichen Jahr der Sitz der Eisenbahn-Bau-Commission von Nürnberg weg nach München verlegt. Die Nürnberger waren sehr verärgert, und als 1849 die Bahn eingeweiht wurde, bereitete die Stadt den aus München angereisten Honoratioren einen unterkühlten Empfang. Trotzdem waren die Nürnberger stolz auf ihren schönen neugotischen Bahnhof.

Die Schulzeit Sigmund Schuckerts (1853–1860)

Anfang der fünfziger Jahre erlebte Nürnberg einen kulturellen Aufschwung. Auf die Gründung des Germanischen Nationalmuseums 1852 durch den Freiherrn von Aufseß folgte ein Jahr später die Eröffnung der Kunstgewerbeschule unter der Leitung des bekannten Malers Kreling. Dieser, ein Schüler des Münchener „Kunstpapstes" Kaulbach, hat damals zahlreiche Porträts von prominenten Zeitgenossen gemalt. Auch die Grafik war in Nürnberg würdig vertreten durch Johann Adam Klein.

Die Einwohnerzahl wuchs rasch. In der überfüllten Altstadt entstanden unzumutbare Wohnverhältnisse, die buchstäblich „zum Himmel stanken". Hygiene wurde nicht sehr groß geschrieben. So war es nicht verwunderlich, daß 1853 eine schwere Choleraepidemie ausbrach. Diese dauerte noch an, als Sigmund zu Ostern 1853 in die Schule zu St. Lorenz eintrat, die nur wenige Schritte von der Johannesgasse entfernt war.

Man darf sich die Volksschulen von damals nicht so vorstellen, wie sie heute sind. Das Schulwesen befand sich noch in ständigem Wandel. Die Entwicklung von der Pfarr- und Küsterschule oder Armenschule zur öffentlichen Volksschule mit qualifizierten Lehrern vollzog sich nur langsam. Die Lehrer hatten es nicht leicht. Sie wurden von den Behörden bespitzelt, durften bestimmte fortschrittliche Schriften nicht lesen oder gar besitzen und mußten mit Inspektion ihrer privaten Bücherschränke rechnen.

Sigmund war wißbegierig und lernfähig. Er hatte das Glück, gute Lehrer zu haben. Seine Zeugnisse waren immer glänzend. Nur die Betragensnote war häufig getrübt, denn Phantasie und

Temperament verführten ihn immer wieder zu ausgelassenen Streichen und brachten ihn in Konflikt mit der gestrengen Schulordnung.

Die Volksschule besuchte er sieben Jahre. In der Oberstufe kam Sigmund für zwei Jahre zu Oberlehrer Friedrich Bauer. Dieser war ein literarisch und naturwissenschaftlich hochgebildeter Mann, Mitglied des Pegnesischen Blumenordens (der ältesten literarischen Gesellschaft Deutschlands) und Vorstand der Naturhistorischen Gesellschaft. Bauer hatte ein kleines physikalisches Kabinett mit Elektrisiermaschine, Leidener Flaschen, Vakuumpumpen und anderen Experimentiergeräten eingerichtet. Interessierte Schüler durften nach dem Unterricht mit diesen unter seiner Anleitung experimentieren. Hier wurde Sigmund Schuckerts leidenschaftliches Interesse für die Elektrizität geweckt.

Demonstrationen mit Elektrisiermaschinen waren damals schon seit mindestens hundert Jahren Mode an den Höfen und in den Salons der feinen Gesellschaft. Spielereien mit dieser unheimlichen und unbegreiflichen Naturerscheinung unterbrachen die Langweile der Konversation und schufen eine etwas gruselige Atmosphäre. Praktische Anwendungen der Elektrizität konnte es allerdings erst geben, als nach der 1799 erfundenen Voltaschen Säule leistungsfähigere Stromquellen, wie z.B. das Bunsensche Zink-Kohle-Element, aufkamen und Siemens den Kurbelinduktor durch den Doppel-T-Anker verbessert hatte.

Die erste wirtschaftlich bedeutsame Anwendung der Elektrizität war der Telegraf. Seit den dreißiger Jahren wurden in aller Welt verschiedenartige Telegrafenapparate erfunden: Steinheil, Morse, Wheatstone und viele andere konstruierten immer neue Systeme. In Berlin gründete 1847 Werner Siemens mit dem Mechaniker Johann Georg Halske die „Telegraphen Bau-Anstalt Siemens & Halske“. Im gleichen Jahr gab es in Nordamerika schon 1000 Meilen Telegrafenlinie. 1849 wurden auch in Europa die ersten Fernlinien eröffnet. Es waren die preußischen Linien Berlin–Frankfurt und Berlin–Köln–Belgien. 1850 folgte die erste bayerische Linie München–Salzburg; zugleich wurde der Deutsch-Österreichische Telegraphenverein als erste internationale Kooperation auf dem Gebiet der Nachrichtenübermittlung gegründet. Auch die britischen Inseln wurden 1851 an das rasch wachsende kontinentale Telegrafennetz durch das erste Seekabel der Welt zwischen Dover und Calais angeschlossen.

Die ersten telegrafischen Nachrichtenagenturen entstanden: 1849 Wolff in Berlin und wenig später Reuter in London, beide mit technischer Assistenz von Werner Siemens. So war gleichzeitig mit dem Eisenbahnzeitalter die Epoche der elektrischen Nachrichtenübermittlung angebrochen.

Lehr- und Wanderjahre

Feinmechanikerlehre (1860–1864)

Diese aufregende Zeit, in der die Entfernungen durch Eisenbahnen und Telegrafen schrumpften, erlebte Sigmund Schuckert als Heranwachsender. 1860 wurde er konfirmiert und mit einem glänzenden Zeugnis aus der Schule entlassen – sogar in „Betragen" hatte er nun die Note „ausgezeichnet"!

Seine Eltern wollten, daß auch er Büttner würde, wie sein älterer Bruder Georg. Aber Sigmund und sein väterlicher Freund Oberlehrer Bauer setzten durch, daß er einen modernen, aussichtsreicheren Beruf erlernen konnte. So trat Sigmund am 1. Mai 1860 eine Lehre als Feinmechaniker bei dem Mechaniker Friedrich Heller in Nürnberg an.

Das Geschäft von Heller, 1856 gegründet, war die erste Werkstatt in Nürnberg, die sich mit elektrischen Geräten befaßte. Später wurde eine kleine Fabrik daraus, die Süddeutsche Apparatefabrik (SAF), die 1906 von Felten & Guilleaume übernommen wurde, von 1912 an TEKADE hieß und heute ein Unternehmensbereich der Philips Kommunikations Industrie ist. Hier also lernte der Lehrling Sigmund Schuckert Feinmechanik und Telegrafenbau. Zugleich besuchte er fleißig die Sonntagsschule, in der die Fächer Maschinenzeichnen, Arithmetik, Geometrie, Physik und Chemie gelehrt wurden.

In seiner gewiß sehr knapp bemessenen Freizeit soll er sich als einer der ersten Modelleisenbahnbauer betätigt haben. Es wird berichtet, daß er sich zu Hause eine elektrisch betriebene Eisenbahn baute und Bunsen-Elemente als Stromquellen benutzte. Welcher Art der verwendete Elektromotor war, ist nicht bekannt. Wenn der Bericht zutrifft und Sigmunds elektrische Bahn wirklich gelaufen ist, so war deren Bau sicher die erste elektrotechnische Glanzleistung des jungen Schuckert.

Sigmund sang gerne, und er konnte auch Laute spielen. Sicher war es ein Erlebnis für den jungen Mann, als 1861 in Nürnberg das große deutsche Sängerfest mit 5300 aktiven Sängern und

14000 Zuhörern abgehalten wurde. Auf diesem Fest wurde nationales Pathos gepflegt und deutsche Einigkeit beschworen. Eine riesige Festhalle mit neugotischem Portal aus Holz war hierfür im Stadtpark errichtet worden.

Im gleichen Jahre tagte in Nürnberg auch eine gesamtdeutsche Kommission, die das „Allgemeine Deutsche Handelsgesetzbuch" beriet und beschloß. So nahm Nürnberg an Bedeutung zu und wuchs in diesen Jahren mehr und mehr aus seinen engen Mauern heraus. Am Centralbahnhof vor dem Frauentor hatte sich ein neues Verkehrszentrum gebildet. Dadurch wurde die bisher stille Königstraße mächtig aufgewertet und zum begehrten Standort nobler Geschäfte. Der Verkehr war so lebhaft, daß man eine Einbahnregelung durch die noch immer militärisch bewachten Tore einführen mußte: Zum Frauentor raus, zum Königstor rein. Das Königstor , das erst 1850, also nach Errichtung des Bahnhofs, gebaut worden war, mußte 42 Jahre später einer Straßenverbreiterung geopfert werden.

Die Gegend zwischen Bahnhof und Marienstraße wurde in den sechziger Jahren nach modernen Plänen eines Münchener Architekten großstädtisch bebaut. Erst 1859 war das Marientor als Durchgang durch die Stadtmauer und Verbindung zwischen der Lorenzer Innenstadt und dem neu entstehenden Stadtteil geschaffen worden. Im Bebauungsplan für das neue Viertel wurde offene Einzelhausbebauung mit Vorgärten und breiten Straßen vorgeschrieben. Der Magistrat verstand es, Grundstückspekulationen zu verhindern.

Der Nürnberger Centralbahnhof entwickelte sich zu einem Eisenbahnknotenpunkt. Seit 1859 war die zunächst private Ostbahn über Hersbruck in die Oberpfalz und nach Böhmen in Betrieb. Sie ermöglichte für Nürnberg den Bezug böhmischer Kohle, die beträchtlich billiger war als die bis dahin verfügbare sächsiche Kohle. In Haidhof im Oberpfälzer Eisenrevier entstand ein Walzwerk für Eisenbahnschienen, die Maxhütte. Ihr Gründer, ein belgischer Ingenieur, schrieb in einem Brief an seine Angehörigen: „Die Wälder sind hier voller Sauen und die Menschen sind noch halbe Wilde". Jahrzehnte später wurde die Maxhütte eine Art Hauslieferant für die Schuckertsche Fabrik.

Sonntags diente die Ostbahn dem Ausflugsverkehr. Im 20-Minuten-Takt konnte man verbilligt zum Vorort Mögeldorf fahren.

Beliebtestes Ausflugsziel war dort der Schmausenbuck, ein waldiger Hügel mit uralten Steinbrüchen und einer romantischen Quelle.

Wanderschaft (1864–1866)

Als der siebzehnjährige Schuckert im April 1864 seine Lehre beendet hatte, erhielt er von seinem Meister Heller ein glänzendes Zeugnis, in dem seine „akkurate und sehr saubere Arbeit“ besonders hervorgehoben wurde. Nun packte er sein Bündel für die damals noch obligatorische Wanderschaft. Es war noch nicht üblich, zu fragen: Meister, werde ich übernommen? In einer Hinsicht hatten sich die Zeiten allerdings geändert: Sigmund wanderte nicht zu Fuß. Er fuhr mit dem Zug, natürlich zuerst einmal in die Landeshauptstadt München. Dort besichtigte er die Sehenswürdigkeiten, bestaunte die Bavaria und kehrte im Hofbräuhaus ein. In dieser Stadt fand er aber keine Arbeit. Deshalb fuhr er weiter nach Augsburg und Ulm. Aber auch dort hatte er kein Glück. Erst in Stuttgart bekam er eine Stelle in der renommierten Telegraphenwerkstatt Renz. Am 23. Mai begann er dort zu arbeiten.

Überall baute man Telegraphenapparate. Der Bedarf schien unstillbar. Inzwischen gab es Haustelegraphen für Hotels und Privathäuser, Spezialausführungen für Banken und für die Eisenbahn. In größeren Wohnhäusern waren Klingelanlagen mit Nummerntableaus große Mode. Am interessantesten blieb natürlich der Telegraphen-Weitverkehr.

Der Traum der frühen sechziger Jahre des 19. Jahrhunderts war die Überbrückung des Atlantiks durch ein Seekabel. Bei Vermessungsarbeiten hatte man 1852 im Seegebiet zwischen Irland und Neufundland ein Plateau geringer Wassertiefe gefunden. Man nannte es von Anfang an „Telegraphenplateau“, denn es bot sich förmlich an als Trasse für ein künftiges Atlantikkabel. Nach Bekanntwerden dieser Möglichkeit gründete der Amerikaner Cyrus West Field die „Atlantic Telegraph Company of New York“. Dieser Gesellschaft gelang es schon 1858, ein Kabel zu legen, das dann aber schon nach vier Wochen riß. Erst 1866 konnte eine dauerhafte Kabelverbindung zwischen Neufundland und Irland hergestellt werden. Zum Verlegen des Kabels benutzte man das damals größte Ozeanschiff der Welt, die „Great Eastern", ein Schiff mit 27000 BRT und mit Antrieb durch Schaufelräder, Propeller und Segel.

Den ganzen Sommer 1864 blieb Sigmund Schuckert als Telegraphenbauer in Stuttgart. Im Herbst erfaßte ihn dann wieder die Wanderlust und die Neugier nach anderen Städten und Tätigkeiten. Am 9. Oktober 1864 wanderte er, nun tatsächlich „auf Schusters Rappen", über Heilbronn nach Wimpfen, fuhr dann mit einem Schiff auf dem Neckar bis Heidelberg und anschließend mit der Bahn nach Frankfurt. Da er aber hier keine Stelle fand, ging er in Mainz an Bord eines Rheindampfers nach Köln – auf dem Rhein fuhren damals englische Dampfboote. In Köln fand er nach ausgiebiger Stadtbesichtigung wiederum keine Arbeit, weshalb er schließlich über Düsseldorf nach Hannover weiterfuhr. Dort erhielt er am 20. Oktober eine Anstellung bei dem Mechaniker Bube, bei dem er den Winter verbrachte.

Im Frühjahr 1865 zog es ihn dann nach Hamburg. Am 22. April kam er dort an. Er hatte Glück, fand in der berühmten optischen Werkstatt Repsold eine Stelle und blieb in dieser ein halbes Jahr. Dann wechselte er zu einer Nähmaschinenwerkstatt über.

In Hamburg hat er wahrscheinlich erstmals Bekanntschaft mit Auswanderern gemacht. In der zweiten Hälfte des 19. Jahrhunderts gingen nämlich viele Deutsche – weit über drei Millionen – nach Nordamerika, um dort ihr Glück zu suchen. Als Schuckert sich mit nunmehr 19 Jahren in Hamburg aufhielt, hatte der Auswandererstrom vorübergehend etwas nachgelassen, weil die Wirtschaft in Deutschland sich durch die fortschreitende Industrialisierung belebt hatte. Möglicherweise kam dem jungen Schuckert damals schon der Gedanke, auch nach Amerika auszuwandern. Aber zunächst wollte er seine Wanderschaft fortsetzen, und er begab sich deshalb im Mai 1866 nach Berlin, um dort in der inzwischen weltbekannten Firma Siemens & Halske zu arbeiten.

Sein Gastspiel dort fiel allerdings kürzer als beabsichtigt aus. Es dauerte nur vom 19. Mai bis zum 27. Juli, denn bald nach seiner Ankunft brach der Deutsche Krieg aus. Ob er als Untertan einer feindlichen Macht, nämlich Bayerns, im preußischen Berlin Schwierigkeiten hatte, ist nicht bekannt. Jedenfalls beendete er seine Tätigkeit bei Siemens unmittelbar nach dem Waffenstillstand und trat den Heimweg nach Nürnberg an. Da durch Truppenbewegungen die private Benutzung der Eisenbahn nicht möglich war, legte er den weiten Weg zu Fuß zurück.

Werkführer bei Krage (1866–1869)

In Nürnberg angekommen, fand Schuckert eine preußisch-mecklenburgische Besatzung von 30000 Mann vor. Seit seinem Abschied vor fast drei Jahren war die Stadt gewachsen, sie hatte nun 78000 Einwohner. Der Zuwachs war vorwiegend durch Eingemeindungen entstanden, denn echter Zuwanderung vom Lande stellte der Magistrat hohe bürokratische Hürden entgegen. Viele Industriearbeiter hielten sich deshalb „schwarz“ in der Stadt auf. Ein Nürnberger Heimatschein kostete viel Geld, eine Heiratserlaubnis noch mehr. Die Folge war, daß damals mehr als 25% aller in Nürnberg geborenen Kinder unehelich waren. Trotz aller Schwierigkeiten kamen aber immer mehr Leute in die überfüllten Quartiere.

Die Industrie wuchs Ende der sechziger Jahre mächtig. Cramer-Klett im eingemeindeten Vorort Wöhrd war zur größten Waggonfabrik und Faber, vor den Toren im benachbarten Städtchen Stein, zum größten Bleistiftfabrikanten Deutschlands aufgerückt. Eine Neuerung fiel Schuckert bei seiner Heimkehr besonders auf: An den Stadttoren sah man nicht mehr die Wachen in ihren bunten Uniformen. Die Eigenschaft Nürnbergs als „Waffenplatz“ war kurz vor Ausbruch des Krieges aufgehoben worden.

Gleich nach seiner Rückkehr fand Schuckert einen guten Arbeitsplatz im mechanisch-optischen Geschäft von Albert Krage. Dort wurde ihm die Leitung der Abteilung für elektrische Apparate übertragen. Als nunmehr erfahrener Fachmann erreichte der Zwanzigjährige zum ersten Mal eine gewisse Selbständigkeit. Er vertrat den Inhaber Krage, der häufig auf Reisen war, zu dessen voller Zufriedenheit.

In seiner Freizeit bemühte er sich intensiv, seine Bildung zu vervollständigen. Er war regelmäßiger Besucher von Bibliotheken und saß fast allabendlich im Lesezimmer des neuen Gewerbemuseums. Vor allem lernte er Englisch. Der Plan, nach Amerika auszuwandern, nahm immer konkretere Formen an.

Die dafür erforderliche Freistellung vom Militärdienst wurde ihm ohne Schwierigkeiten gewährt. Gegen Zahlung von 10 Gulden 1 Kreuzer erhielt er einen Freischein, in dem ihm Dienstuntauglichkeit bestätigt wurde. Der Schein enthält folgendes Signalement Schuckerts: Größe: 5′3″5 (1,54 m – wahrscheinlich der Grund der Freistellung), Haare: blond; Stirne: niedrig; Augenbrauen: braun; Augen: grau; Nase: stumpf; Mund: klein; Bart: rot; Kinn: spitzig; Gesichtsform: länglich; Gesichtsfarbe: gesund; Körperbau: gesund; besondere Kennzeichen: keine.

Vom Magistrat der königlichen bayerischen Stadt Nürnberg wurde ihm gegen Zahlung von 15 Kreuzern bescheinigt, daß er sich in Nordamerika niederlassen dürfe, seine Entlassung aus dem „bayerischen Unterthanenverbande" aber erst nach seiner Naturalisation in Nordamerika erfolgen könne.

Im April 1869 war es soweit. Schuckert beendete seine Tätigkeit bei Krage, packte seine Sachen und fuhr mit der Bahn nach Hamburg.

Als Zwischendeckpassagier nach Amerika (1869)

Schuckerts Neugier auf Amerika muß sehr groß gewesen sein. Vielleicht waren seine Erwartungen übertrieben. So, wie die Dinge lagen, hätte ein Mann wie er auch in seiner Heimatstadt gute Chancen gehabt. Nürnberg befand sich deutlich im wirtschaftlichen Aufwind. Nach dem Abzug der Besatzungstruppen war Freiherr Stromer von Reichenbach, ein Liberaler, erster Bürgermeister geworden. Er war bei den Nürnbergern beliebt, der konservativen Regierung in München jedoch verdächtig. Da er aber einen guten Draht zu König Ludwig II hatte, konnte er energisch Maßnahmen zum Wohle seiner Stadt durchsetzen. Endlich wurden die staubigen Straßen gepflastert. Er gründete eine ständige Hygiene-Commission, die eine geregelte Straßenreinigung und Müllabfuhr organisierte, den Bau einer Kanalisation in die Wege leitete und eine zentrale Versorgung mit einwandfreiem Trinkwasser aus Quellen bei Brunn über einen Hochbehälter auf dem Schmausenbuck legen ließ. Nürnberg war damit eine der ersten deutschen Städte mit zentraler Wasserversorgung. Man hoffte so, die Gefahr einer erneuten Choleraepidemie zu bannen.

Schuckert, der seiner Heimat den Rücken gekehrt hatte und zur Auswanderung entschlossen war, rüstete sich in Hamburg mit dem Reisebedarf eines Zwischendeckpassagiers aus: Matratze und Decke, zwei Blechschüsseln zum Essen bzw. zum Waschen, Becher, Eßbesteck und Wasserflasche. Am 13. Mai 1869 ging er an Bord der „Hammonia [2]". Sie war das erste Dampfschiff der Hapag, erst zwei Jahre alt, ausgerüstet mit Schiffschraube und Besegelung. Dieses 3035 BRT große Schiff für 680 Passagiere war 104 m lang, 12,2 m breit und hatte 120 Mann Besatzung. Es erreichte eine Höchstgeschwindigkeit von 12 Knoten (22,2 km/h). Schuckert studierte aufmerksam die technischen Einrichtungen des Schiffs und machte sich Notizen.

Das Wetter war während der Überfahrt, die 166 Mark kostete und dreizehn Tage dauerte, kalt und stürmisch. Für Schuckert wurde die Reise zu einer einzigen Qual. Er war die ganze Zeit seekrank und litt unter der Enge und der dumpfen Luft im Zwischendeck, wo die Menschen auf Pritschen, drei Etagen übereinander, dicht gedrängt lagen, Männer und Frauen, Kinder und Greise, die meisten seekrank. Nach der Ankunft in Hoboken mußte er einen ganzen Tag lang in strömendem Regen anstehen, bis die Einwanderungsformalitäten und die Gepäckkontrollen erledigt waren. Dann erst konnte er das „Land der unbegrenzten Möglichkeiten" betreten. Er fuhr nach New York und suchte dort zunächst einen deutschen Gasthof auf.

Die Freiheitsstatue begrüßte damals noch nicht die ankommenden Schiffe. Amerika war jedoch auch damals unbestritten das Land der Freiheit, gemessen am Europa der Restauration. Freiheit für jedermann – ausgenommen Indianer, Neger und Südstaatler.

In den besiegten Südstaaten herrschten vier Jahre nach dem Ende des Sezessionskrieges noch immer Terror, Chaos und Not. Kriminelle Banden, Wegelagerer und Ku-Klux-Clan trieben ihr Unwesen. Die Farmer waren verarmt, als „politisch Belastete" abgestempelt, ohne Besitz und Wahlrecht. Nur Spekulanten lebten gut. Im Jahr von Schuckerts Ankunft rückte der Republikaner General Ulysses Grant als Präsident an die Stelle seines glücklosen Vorgängers Johnson. Grant war ein aufrechter Soldat und versuchte, die Fehler seines Vorgängers zu korrigieren. Den Südstaatlern gab er Ehre und Wahlrecht zurück und beendete allmählich die chaotischen Zustände.

In den Nordstaaten aber, wo Schuckert sein neues Leben begann, merkte man von den Kriegsfolgen nur, daß der Wert des Papiergelds nach und nach sank. Sonst aber rauchten alle Schlote. In Pittsburgh waren alle Hochöfen in Betrieb, Remington fabrizierte die ersten Schreibmaschinen und der Pacific Express dampfte mit Schlaf- und Salonwagen durch die büffelfrei geschossene Prärie. Die nach vernichtenden Schlachten stark dezimierten Indianerstämme erhielten Reservate und mußten größtenteils vom Staat ernährt werden.

Vier Jahre in den USA (1869–1873)

Schuckert fand in New York sehr schnell Quartier bei deutschstämmigen Familien und Arbeit bei den Mechanikern Pike's & Son. Schon wenige Wochen nach seiner Ankunft nahm er sich die Zeit, ein deutsches Sängerfest in Baltimore zu besuchen. Hier lernte er viele Landsleute kennen, und es gefiel ihm so gut, daß er den Wunsch verspürte, in Baltimore zu bleiben und dort zu arbeiten.

Aber anscheinend war dieser Wunsch doch nicht so leicht zu realisieren, denn er blieb danach noch fast ein Jahr bei Pike's in New York. Im Mai 1870 nahm er sich ein paar Tage Zeit, um mit einem Freund zusammen die Umgebung der Stadt zu erkunden. Bald darauf brach er seine Zelte ab und übersiedelte nach Baltimore. Dort fand er einen Arbeitsplatz bei den Instrumentenmachern F.W. & R. King, wo er aber nur knapp zwei Monate blieb.

Im Juli 1870 besichtigte er Washington und fuhr anschließend mit der Bahn von Baltimore über Columbus nach Cincinnati, Ohio. Die Nachtfahrt in einem komfortablen Schlafwagen hat ihn sehr beeindruckt. In Cincinnati fand er rasch einen guten Arbeitsplatz bei T.F. Randolph, Mathematical Instruments. Er verdiente dort 18 Dollar in der Woche. Damit war er in der Lage, seinem Bruder Geld zu schicken. Anfang Januar 1871 gab er diesen guten Arbeitsplatz auf und fuhr mit einem erstklassigen Zeugnis in der Tasche über Londonville, wo er einen Onkel besuchte, wieder nach New York zurück.

Nicht weit davon, in Newark, New Jersey, hatte Thomas Alva Edison eine neue Telegrafenfabrik gegründet. Edison war ein Jahr jünger als Schuckert und schon ein berühmter Erfinder. Die mächtige Telegrafengesellschaft Western Union, die einige seiner Patente gekauft hatte, stellte ihm in der neuen Fabrik einen Compagnon namens Unger zur Seite. Wahrscheinlich wollte man verhindern, daß der dynamische junge Mann zu mächtig wurde. Die Telegrafenfabrik in Newark war auf „Börsenticker" spezialisiert, einen für die schnelle Übermittlung von Börsennotierungen notwendigen Apparat, der zunehmend Verbreitung fand. Zwischen den Börsen und auch zwischen Nordamerika und Europa wurden bereits täglich die neuesten Kursmeldungen ausgetauscht, denn die telegrafische Verbindung über den Atlantik funktionierte ohne Unterbrechungen. Man hatte sich daran gewöhnt, daß Nachrichten aus der alten Welt nun in Minuten vorlagen und nicht mehr 16 Tage unterwegs sein mußten.

Eine telegrafische Rekordleistung ließ sogar die an Superlative gewöhnten Amerikaner aufhorchen: Die Brüder Siemens hatten 1870 eine Telegrafenlinie von London über Berlin, Warschau, Odessa, Teheran, Agra bis nach Kalkutta in Betrieb genommen – 11 000 km lang.

Für die Telegrafenfabrik in Newark stellte Edison, der selbst als Vorarbeiter mitarbeitete, fünfzig Arbeiter ein, und zwar nur hochqualifizierte Fachleute. Schuckert bewarb sich und wurde am 11. Februar 1871 eingestellt. Sehr glücklich scheint er dort nicht gewesen zu sein, denn in der neuen Fabrik herrschte ein rüder Ton. Wenn ein Fehler an einem Fabrikat bemerkt wurde, pflegte Edison die dafür verantwortlichen Arbeiter zusammenzurufen. Er schloß sich dann solange mit ihnen ein, bis der Fehler gefunden und behoben war. Auf diese Weise wurde oft bis zu sechzig Stunden ohne Schlaf und bei spärlicher Verpflegung gearbeitet. Schuckert ging dieses harte Betriebsklima bald auf die Nerven. Es widersprach seinen eigenen Vorstellungen. Schon bald sah er sich nach einem anderen Job um, fand aber nichts Passendes und mußte deshalb einige Monate bei Edison ausharren. In dieser Zeit lernte er einen jungen Deutschen namens Sigmund Bergmann kennen, mit dem er sich bald anfreundete. Dieser gründete später die Bergmann-Elektricitätswerke AG in Berlin.

Ende September 1871 verließ Schuckert die Edison-Fabrik. Ein Zeugnis über seine dortige Tätigkeit ist nicht erhalten geblieben. In New York trat er dann eine Stelle bei Tillatson & Comp. an, wo er etwa bis April 1873 arbeitete.

Schuckert hat in Amerika gut verdient. Er lebte äußerst sparsam und schrieb jede finanzielle Ausgabe, jedes Glas Bier und jedes Omnibus-Ticket, in seinem Notizbuch auf. Seinen Eltern und Geschwistern schickte er gelegentlich Geld zur Unterstützung. Die Nachrichten, die er von zu Hause erhielt, klangen nicht gut. Seine Mutter war krank und sein Vater inzwischen alt und gebrechlich geworden. So entschloß er sich im Frühjahr 1873 zu einer Europareise, um nach seinen Eltern zu sehen und bei dieser Gelegenheit auch die Weltausstellung in Wien zu besuchen.

Rückkehr nach Europa (1873)

Am 2. Mai 1873 ging Schuckert in New York an Bord eines Dampfers nach Europa. Aus Sparsamkeit stieß er seinen vor vier Jahren gefaßten Entschluß „nie wieder Zwischendeck“ um und besorgte sich wieder Matratze und Blechnapf. Seine Hoffnung, diesmal eine ruhigere, angenehmere Überfahrt zu haben, wurde bitter enttäuscht. Das Wetter war stürmisch; er wurde wieder seekrank und litt sehr.

In Liverpool ging er von Bord und fuhr mit der Bahn nach London. Die Strapazen der Überfahrt waren rasch vergessen, die Neugier erwachte. Er sah sich London an. Im Britischen Museum begegnete er zufällig wieder seinem früheren „Boss“ Edison. Schuckert besuchte auch den neuen „Siemens Shop“, wie die Kabelfabrik der Firma Siemens Brothers genannt wurde, und sah sich die Station der Indoeuropäischen Telegrafenlinie an. Auch eine Fahrt mit dem „Weltwunder“ von London, der zehn Jahre zuvor eröffneten ersten Untergrundbahn der Welt, ließ er sich nicht entgehen. Die U-Bahn wurde übrigens von Dampflokomotiven gezogen.

Die Weiterreise führte ihn über Antwerpen, Köln, Frankfurt nach Nürnberg. Dort angekommen, mietete er für den kurzen Weg vom Bahnhof bis zur Johannesgasse eine Kutsche – ganz gegen seine sonstige Art, Sparsamkeit zu üben.

Schuckert hielt sich einige Tage bei seiner Familie in Nürnberg auf und fuhr dann zur Weltausstellung nach Wien. Dort sah er zum ersten Mal eine Dynamomaschine. Diese Maschine der Firma Gramme aus Paris wurde von einer Dampfmaschine angetrieben. Eine zweite Grammesche Maschine war zusammen mit einer galvanoplastischen Einrichtung ausgestellt.

Vom dynamoelektrischen Prinzip – durch Werner Siemens 1866 entdeckt – hätte Schuckert eigentlich schon sechs Jahre früher erfahren können. Denn 1867, als er noch Werkführer bei Krage in Nürnberg war, studierte er allabendlich die Fachzeitschriften und hätte darin eine Notiz über die sensationelle Bekanntgabe in der Berliner Akademie der Wissenschaften am 17. Januar 1867 finden müssen. In der von Professor Magnus verlesenen Mitteilung des Entdeckers Werner Siemens hieß es: „Der Technik sind gegenwärtig die Mittel gegeben, elektrische Ströme von unbegrenzter Stärke auf billige und bequeme Weise überall da zu erzeugen, wo Arbeitskraft disponibel ist. Diese Tatsache wird auf mehreren Gebieten derselben von wesentlicher Bedeutung werden..“
Einen Techniker wie Schuckert hätte die Aussicht, starke elektrische Ströme ohne die teuren und unpraktischen Bunsen-Elemente zu erzeugen, vom Stuhl reißen müssen. Wahrscheinlich hatte er aber damals seine Studien zu sehr auf sein Spezialgebiet, den Telegrafenbau, und auf sein Ziel, Englisch zu lernen, konzentriert, so daß er diese wichtige Veröffentlichung in den Berichten der Berliner Akademie übersah.

Bei den Grammeschen Dynamomaschinen, die Schuckert in Wien sah, war das von Siemens angegebene Prinzip der Selbsterregung auf eine Maschinenkonstruktion mit verbessertem Pacinottischem Ringanker angewendet. Rechtlich war gegen die Nutzung des dynamoelektrischen Prinzips nichts einzuwenden, weil Siemens für seine Entdeckung kein Patent in Anspruch genommen hatte. Schuckert erkannte sofort, welche technischen und wirtschaftlichen Möglichkeiten sich hier eröffneten. Die Faszination der neuen Technik hat ihn von da an nie mehr losgelassen.

Auf der Rückreise von Wien machte Schuckert Station in Nürnberg. Lange wollte er nicht bleiben, denn er war durch vierjährigen Aufenthalt amerikanischer Staatsbürger geworden und hatte seinen Freunden in New York versprochen, bald wiederzukommen.

Der Mechaniker und Erfinder

Neuer Anfang in Nürnberg (1873)

In Deutschland und in Nürnberg hatte sich in den vergangenen vier Jahren viel verändert. Während Schuckert fern in Amerika weilte, fand der Deutsch-Französische Krieg statt, das Deutsche Reich wurde gegründet, Otto von Bismarck wurde der erste Reichskanzler. Schuckerts jüngerer Bruder war während des Krieges als Soldat nach Frankreich gekommen, wo er an Typhus erkrankte und starb. Sein alter Vater und die schwerkranke Mutter waren nun wirtschaftlich vom älteren Bruder Georg abhängig, der die Büttnerwerkstatt weiterführte. Schuckert sah sich vor die Wahl gestellt, entweder wie beabsichtigt nach Amerika zurückzukehren oder mit Rücksicht auf die Familie zu Hause zu bleiben. Er entschied sich für die Familie und blieb. Bald darauf starb seine Mutter. Schuckert richtete sich mit dem Vater in einem Anbau des Elternhauses ein.

Daß Schuckert auf die Rückkehr nach Amerika verzichtet hatte, verdankte er wohl seinem guten Stern. Wäre er, wie geplant, im Herbst 1873 hinübergefahren, so hätte er mit ernsten Schwierigkeiten rechnen müssen, denn in Nordamerika brach zu dieser Zeit die gesamte Wirtschaft zusammen. Es gab eine Massenarbeitslosigkeit nie gekannten Ausmaßes. Schuld daran war, daß die Regierung als Folge des Bürgerkriegs noch immer hohe Schulden hatte. Das Papiergeld war nicht mehr viel wert. Eine große Bank in Washington versuchte, eine Bundesanleihe zu verkaufen, blieb aber darauf sitzen und machte Pleite. Wie Dominosteine brachen darauf in wenigen Tagen 8000 Banken im ganzen Land zusammen. Da die Bankschalter geschlossen blieben, konnten die Betriebe keine Löhne mehr auszahlen und machten dicht. In Pittsburgh wurden die Hochöfen stillgelegt. Alle mußten nun von vorne anfangen.

Die Krise blieb jedoch nicht allein auf die Vereinigten Staaten beschränkt. Begünstigt durch die neuen Verkehrs- und Kommunikationsmittel war inzwischen die Weltwirtschaft interkontinental verflochten. So entstand die erste Weltwirtschaftskrise. Diese wurde in Deutschland durch eine hausgemachte Komponente noch verstärkt. Seit den sechziger Jahren hatte hier die Konjunktur langsam, aber stetig angezogen. Die Reichsgründung brachte zusätzliche Impulse. Das besiegte Frankreich hatte Kontributionen in Milliardenhöhe zu zahlen. Dieses Geld floß in die deutsche Wirtschaft und löste eine überhitzte Konjunktur aus. Es kam massenweise zu übermütigen, unsoliden Firmengründungen. Diese Unternehmen brachen wie Kartenhäuser im Sturm der Weltwirtschaftskrise 1873 als erste zusammen und zogen auch andere, solidere Unternehmen mit in ihren Strudel. Das war das Ende der sogenannten Gründerjahre.

Gerade zu Beginn dieser Epoche, im Sommer 1873, wagte Sigmund Schuckert den Versuch, in seiner Heimatstadt Nürnberg eine selbständige Existenz zu gründen. Es ist sicher, daß er dabei das Bild der in Wien gesehenen Dynamomaschine vor Augen hatte. Den Plan, sich mit diesem Prinzip zu beschäftigen, konnte er nur als Selbständiger ausführen, und in Amerika hätte er kaum so rasch zur Selbständigkeit gelangen können wie zu Hause.

Aus eigener Werkstatt: erste Dynamomaschinen (1873–1876)

Im Hause der Eltern begann Schuckert vorerst damit, kleinere Reparaturarbeiten, besonders an Nähmaschinen, auszuführen. Schon wenige Wochen später gelang es ihm, einen Werkstattraum von achtzehn Quadratmetern in der Schwabenmühle zu mieten. Dieses Gebäude war vom Magistrat an der Stelle der in den dreißiger Jahren abgerissenen alten Schwabenmühle zwischen Kaiserstraße und Pegnitzufer errichtet worden, um kleineren Handwerksbetrieben Werkstatträume, die teilweise Wasserkraftanschluß hatten, mietweise zur Verfügung zu stellen.

Schuckerts Werkstatt hatte keinen solchen Anschluß. Der Raum war bei Übernahme in einem unbeschreiblich verwahrlosten Zustand – ein Unterschlupf der Pegnitzratten. Bruder Georg half, Fußboden, Tür und Fenster zu reparieren. Schuckert beschaffte sich von seinen Ersparnissen aus Amerika eine einfache Werkstattausrüstung. Er ließ Handzettel drucken, mit denen er sich für Mechanikerarbeiten aller Art empfahl. Seine Spezialität war die Reparatur amerikanischer Singer-Nähmaschinen, mit denen die anderen Nürnberger Mechaniker nichts anzufangen wußten.

Die Schwabenmühle in Nürnberg, ein zwischen der Kaiserstraße und dem Pegnitzufer gelegenes Haus mit Wasserkraftanlage, in dem die Stadt Nürnberg Werkstatträume an Handwerksbetriebe vermietete. Hier hatte Schuckert von 1873 bis 1879 seine erste Werkstatt

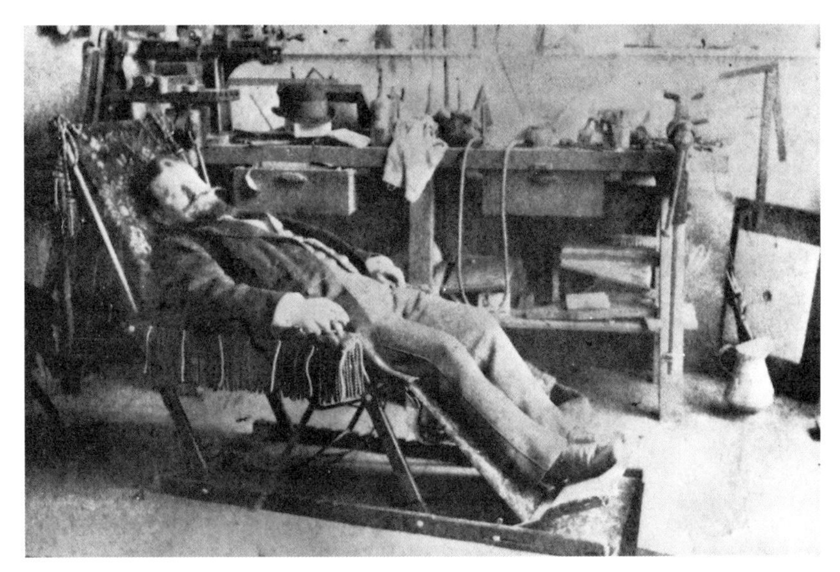

Schuckert bei einer Ruhepause in seiner Werkstatt in der Schwabenmühle

Schon Ende des Jahres stellte er einen Gehilfen ein, weil er die Arbeit allein nicht mehr schaffen konnte. Es war Karl Heinisch, der mit ihm bei Heller gelernt hatte und der ihm von nun an über viele Jahre ein treuer Freund und Helfer blieb. Zusammen erledigten sie die eingehenden Aufträge. In jeder freien Minute aber bauten sie an einer Dynamomaschine. Dabei handelte es sich nicht etwa um eine Kopie der in Wien besichtigten Gramme-Maschine, sondern um eine Konstruktion mit einem Ringanker nach Schuckerts eigenen Ideen. Mit dieser ersten Maschine für Handantrieb machte er Versuche und stellte Mängel fest. Schon im Dezember des selben Jahres wurde eine verbesserte, größere Maschine fertig – diesmal mit zwei Ringankern. Diese Maschine wurde zur Stromerzeugung für galvanische Bäder an die Nürnberger Firma Wellhöfer geliefert, wo sie dann 18 Jahre ohne nennenswerte Störung in Betrieb war.

Schon im darauffolgenden Jahr 1874 lieferte Schuckert fünf weitere Dynamomaschinen, alle für galvanotechnische Zwecke. Mit einer Vorführmaschine fuhr er nach Stuttgart. Durch Zufall ergab sich hier bei einem Kunden die Gelegenheit, seine Maschine mit einer Konkurrenzmaschine zu vergleichen. Der Vergleich fiel günstig aus: Seine Maschine leistete deutlich mehr und kostete weniger als die Hälfte. Darauf erhielt er sofort Bestellungen über mehrere größere Dynamomaschinen.

Die Maschinen aus Nürnberg zogen schon bald die Aufmerksamkeit von Werner Siemens auf sich, der an einen Bekannten in München schrieb, in Nürnberg wohne ein Mann namens Schuckert, der Dynamomaschinen nach dem von ihm entdeckten Prinzip anbiete; Leistungsfähigkeit und Preis dieser Maschinen könne er sich nicht zusammenreimen.

Schuckert und Heinisch müssen damals bis zur Erschöpfung gearbeitet haben. Es ist schwer, zu begreifen, wie sie in so kurzer Zeit so viele Maschinen bauen und liefern konnten. In ihrer kleinen Werkstatt stand ihnen außer einer Werkbank mit Schraubstock nur eine handbetriebene Drehbank zur Verfügung. Nicht einmal eine Bohrmaschine war vorhanden.

Schuckert verbesserte laufend die Konstruktion seiner Dynamomaschinen. Am 17. Juni 1874 suchte er beim Königlich Bayerischen Staatsministerium des Inneren um ein Patent für einen „Magnet-elektrischen Apparat zur Erzeugung von Elektrizität

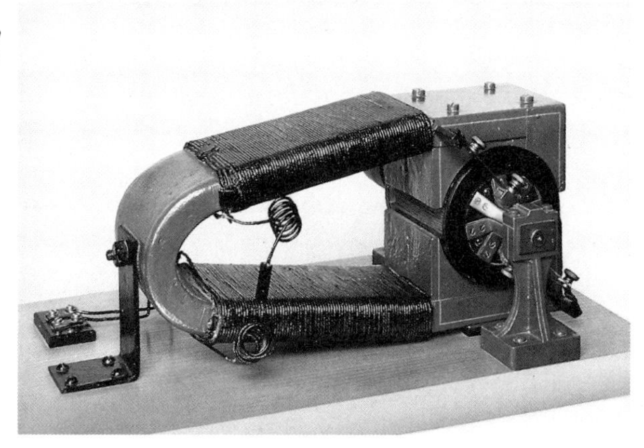

Eine der ersten Dynamomaschinen Schuckerts (1874) für 20 V Gleichstrom

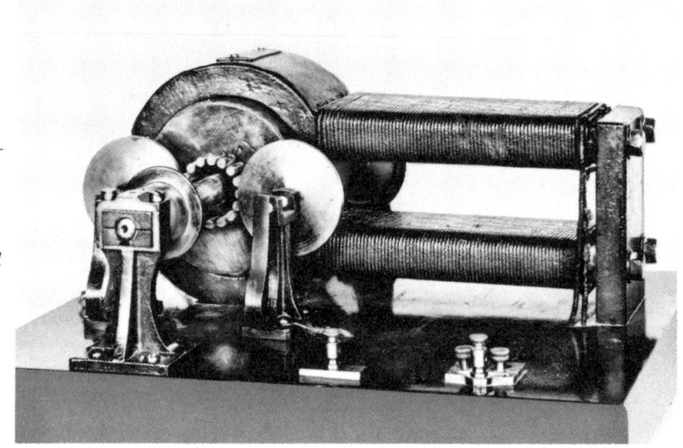

Dynamomaschine mit nur einem Ringanker, Magnetschalter und einer besonderen Kommutatorkonstruktion, die genau Schuckerts Patentanmeldung vom 17. Juni 1874 entspricht

Schuckerts Flachringmaschine von 1876. Nach wiederholten Verbesserungen wurde sie zur meistgebauten Gleichstrommaschine bis zur Jahrhundertwende

durch mechanische Kraft mit Hilfe des Magnetismus" nach. In der Beschreibung bezog er sich auf das von Siemens entdeckte dynamoelektrische Prinzip und auf den von Gramme modifizierten Ringanker. Die Verbesserung bestand darin, daß der Strom zur Erregung des Feldmagneten und der Nutzstrom zwar in getrennten Wicklungen, aber in ein und demselben Ringanker erzeugt wurden. Durch einen Magnetschalter mit Platinkontakten wurden bei ausreichender Feldstärke des Magneten automatisch beide Ankerwicklungen in Reihe geschaltet, so daß nun der „in den Drähten des Rings erzeugte Strom durch den Elektromagnet und das eingeschaltete Objekt in einem Schließungsbogen gehen konnte". Das Patent, ein königlich bayerisches Privileg auf ein Jahr, wurde am 20. Juli 1874 erteilt.

Weitere Verbesserungen an der Schuckertschen Version der Dynamomaschine führten 1876 zur Flachringmaschine. Diese hatte bereits unterteiltes Ankereisen, gute Belüftung der Ankerwicklung und einen modernen Kommutator. Sie war leicht zu montieren und bewährte sich so, daß sie ein ausgesprochener „Renner" wurde, jahrelang marktbeherrschend blieb und vielfach nachgeahmt wurde.

Erste Versuche mit elektrischem Bogenlicht (1874–1876)

Schuckerts Dynamomaschinen wurden in der Anfangszeit ausschließlich zur Stromerzeugung für galvanotechnische Zwecke verwendet und ersetzten hier die in Anschaffung und Wartung teuren Bunsen-Elemente. Kosteneinsparungen von 85% waren damit zu erzielen. Die Technik des Vergoldens und Versilberns, sowie die Galvanoplastik, erfuhren durch den Einsatz von Dynamomaschinen zur Stromerzeugung starken Auftrieb. Siemens legte hingegen das Schwergewicht der Anwendung der Dynamomaschinen zuerst auf den Betrieb von Bogenlampen.

Ab 1874 machte auch Schuckert Versuche, mit seinen Maschinen Strom für Beleuchtungszwecke zu erzeugen. Den ersten Werkstattversuch mit dem elektrischen Lichtbogen schildert Schukkerts Jugendfreund Greulein, der selbst dabei war: „Die Maschine hat dann gleich vorne zum funken angefangen. Die Funken flogen wie ein feueriges Rad um den Kupferring (er meinte den Kommutator; Rundfeuer galt als günstiges Zeichen dafür, daß die Maschine Strom erzeugte). Der Heinisch hat nun ein paar Drähte ... an die Maschine angeschraubt, der Sigmund hat ... zwei Kohlestifte angeklemmt, dann zog er dicke Handschuhe an, packte in jeder Hand eine Kohle und plötzlich flammte es auf, ... ich glaubte schon, der Blitz hätte in die Schwabenmühle geschlagen ... es stank nach Gummi und die beiden freuten sich nicht nur über ihren gelungenen Versuch, sondern auch über das dämliche Gesicht, das ich angeblich gemacht haben soll."

In den Jahren 1875/76 hat Schuckert wiederholt Beleuchtungsversuche in der Kaiserstraße durchgeführt. Einmal beleuchtete er auch das neue Kriegerdenkmal in der benachbarten Adlerstraße. Wegen einer gerissenen Freileitung geriet Schuckert ins Schwitzen, und das zahlreich erschienene Publikum mußte eine Weile warten, bis es „Ah" sagen durfte.

Man kann den Sensationsgehalt solcher Vorführungen nur ermessen, wenn man sich klar macht, daß künstliches Licht solcher Intensität bisher völlig unbekannt war. Freilich kannte man Gaslaternen. Sie beleuchteten seit fast vierzig Jahren die größeren Straßen der Stadt. Aber sie brannten mit offener, nur schwach leuchtender Flamme, kaum heller als die früher verwendeten Öllampen. Der Auersche Gasglühstrumpf, der das Gaslicht so weiß und hell machte, wurde erst zehn Jahre später, 1885, erfunden. Schuckerts Beleuchtungsversuche erregten deshalb großes Aufsehen. Ihm selbst dienten sie in erster Linie dazu, den Beweis zu bringen, daß seine Flachringmaschine bei richtiger Bemessung auch für den Betrieb von Bogenlampen gut geeignet war. Von nun an bot er komplette Beleuchtungsanlagen an. Die Lampen dafür bezog er vorerst von Siemens & Halske.

Für die bewährte Flachringmaschine wurde er 1876 mit dem König-Ludwig-Preis ausgezeichnet. Die hohe Prämie von 50000 Mark erhielt er schon in der neuen Reichswährung, die im gleichen Jahr in Bayern eingeführt worden war. Für einen Gulden erhielt man 1,71 Mark.

Nach dieser hohen Ehrung, der willkommenen Finanzspritze und drei Jahren Knochenarbeit gönnte Schuckert sich zum ersten Mal einen Urlaub. Für eine Woche fuhr er in die Schweiz, bestieg Berge und wanderte. Aber auch diese Reise benutzte er, um Geschäftsverbindungen anzuknüpfen.

Deutsches Patentgesetz (1877)

Für die deutsche Wirtschaft gab es 1877 eine wichtige Neuerung: Die Reichsregierung erließ endlich ein Patentgesetz. Bis dahin war das Patentwesen in Deutschland in desolatem Zustand. Die größeren Länder des Reiches erteilten zwar Schutzrechte oder Privilegien, doch war es einem deutschen Erfinder kaum möglich, Neuheiten in allen Ländern anzumelden. Es lohnte sich auch nicht wegen der kurzen Laufzeiten zwischen einem und drei Jahren. Deshalb hatte auch Werner Siemens darauf verzichtet, sein dynamoelektrisches Prinzip patentieren zu lassen. Deutsche Erfinder meldeten ihre Erfindungen vielfach in Frankreich, England oder in den USA an, wo es schon lange einen wirksamen Patentschutz gab. Ihre Erfindungen wurden deshalb oft nur im Ausland wirtschaftlich verwertet. Damals tarnte man auch deutsche Erzeugnisse vielfach durch fremdsprachliche Aufschriften als ausländische Waren, um sie besser verkaufen zu können. Von der Weltausstellung 1876 in Philadelphia schrieb der damalige Reichskommissar für das Ausstellungswesen Geheimrat Professor F. Reuleaux am 2. Juni 1876: „Es muß laut ausgesprochen werden, daß Deutschland eine schwere Niederlage auf der Philadelphier Ausstellung erlitten hat ... Deutschlands Industrie hat das Grundprinzip „billig und schlecht“ ... Es behält immer die Oberhand und ist denn auch in unserer Ausstellung nur zu deutlich zum Ausdruck gekommen.“

Werner Siemens hatte zwar schon in einer Eingabe von 1863 ein Patentgesetz vorgeschlagen, aber der extreme Flügel der Freihandelspartei war dagegen, und so kam man erst 1877 zu der späten Einsicht, daß der deutschen Wirtschaft unermeßlicher Schaden entstand. Das neu beschlossene Patentgesetz folgte weitgehend den Siemensschen Vorschlägen.

Schuckert hatte seine Einstellung zum Patentwesen einmal in dem Aussspruch dargelegt: „Das beste Patent ist eine gute Arbeit.“ Daraus spricht das Selbstbewußtsein eines Fachmannes, der sehr wohl weiß, daß die Güte seiner Erzeugnisse nicht leicht zu übertreffen ist. Später, nach Erlaß des Reichspatentgesetzes, hat er diese Ansicht wohl geändert, denn er und seine Mitarbeiter haben viele Reichspatente angemeldet und erhalten.

Erste elektrische Kraftübertragung. Bekanntschaft mit Wacker (1877)

Der starke Strom der Dynamomaschinen hatte bisher nur der Galvanotechnik und der Beleuchtung mit Bogenlampen gedient. Elektromotoren hatten als Antriebsmaschinen noch keine Bedeutung erlangt. Erst als Werner Siemens 1877 in der Gewehrfabrik Spandau zeigte, daß man den Strom einer Dynamomaschine über eine lange Drahtleitung zum Betrieb eines Elektromotors verwenden konnte, wurde die Öffentlichkeit auf die vielfältigen Möglichkeiten aufmerksam, die sich daraus ergaben. Auch Schuckert machte wenige Wochen später, am 6. März 1877, ähnliche Versuche in der Schwabennmühle. In einem der Räume mit Wasserkraftanschluß erzeugte er Strom mit einer Flachringmaschine und trieb über eine 120 m lange Leitung einen Motor im Erdgeschoß an. Mit diesem war eine Pumpe gekuppelt, die Pegnitzwasser förderte. In zahlreichen Versuchen wurden die günstigsten Betriebsbedingungen erprobt. Die Erfolge dieser Versuche leiteten ein neues Kapitel der jungen Starkstromtechnik ein.

Schuckert unternahm nun viele Geschäftsreisen, um Kunden zu besuchen und zu beraten. Bei einer dieser Reisen lernte er in Leipzig den Kaufmann Alexander Wacker kennen. Dieser betrieb ein Geschäft, das mit Maschinen, insbesondere Gasmotoren, handelte. Wacker, der im gleichen Alter wie Schuckert war, erkannte sofort die zukunftsträchtigen Geschäftsmöglichkeiten mit Schukkerts Produkten. Er übernahm es, Schuckerts Maschinen in Mittel- und Norddeutschland zu vertreiben. Dieses Zusammentreffen zweier sich ideal ergänzender Männer wurde entscheidend für die Zukunft des Schuckertschen Geschäfts.

Schuckerts Erfolge beruhten nicht zuletzt auf seiner Kontaktfreudigkeit. Sein ruhiges, selbstsicheres und doch bescheidenes Auftreten verschaffte ihm Freunde, auch in der privaten Sphäre. Nur seine Beziehungen zum anderen Geschlecht scheinen in diesen Jahren harter Arbeit unterentwickelt gewesen zu sein. Von Verwandten und Freunden deswegen oft recht eindeutig bespöttelt, pflegte er abzuwinken: Er habe zu viel zu tun und keine Zeit, sich unter den Töchtern des Landes umzusehen. „Ja, wenn ihr mir eine bringt ...“ Tatsächlich hatte er sich ganz einseitig und ausschließlich seiner technischen und erfinderischen Arbeit gewidmet und daraus ein unerschütterliches Selbstvertrauen gewonnen. In einem Brief an die Société Générale d'Electricité, in dem er einen Vertrag vorschlug, schrieb er: „Seit viereinhalb Jahren beschäftige ich mich ausschließlich mit dem Bau von Dynamomaschinen. In der festen Voraussicht, daß dieselben in der Zukunft noch eine große Rolle spielen, habe ich alles andere beiseite gelassen ... So werden Sie keinen besseren Vertreter in Deutschland finden als mich, weil ich mich ganz und gar der Sache widme."

Durch seine Konzentration auf ein enges Gebiet scheint Schukkert vorübergehend sogar einen Vorsprung vor der Weltfirma Siemens & Halske gewonnen zu haben. Er verdiente gut an den zahlreichen Maschinen für den Betrieb galvanischer Bäder, die er seit 1874 laufend lieferte. Siemens begann erst 1877, in dieses Geschäft einzusteigen.

Auf seinen Reisen erkannte Schuckert die großen und vielseitigen Möglichkeiten der elektrischen Beleuchtung mit Bogenlampen. In München führte er vom 1. bis 5. September 1878 eine glanzvolle Illumination des Gartenfestes anläßlich der VDI-Hauptversammlung durch. Dabei probierte er eine neue, von dem Ingenieur Dornfeld bei Krupp in Essen entwickelte Bogenlampe aus, bei der die Kohlen durch ein Uhrwerk nachgeführt wurden. Diese Lampe gefiel ihm so gut, daß er eine Lizenz erwarb und die Produktion aufnahm. Den ehrenvollen Auftrag, im Schloß Linderhof die erste fest installierte elektrische Beleuchtung Bayerns aufzubauen, führte er 1878 bereits mit drei Flachringmaschinen und drei Dornfeld-Lampen durch.

Der Fabrikbesitzer

Umzug in die Schloßäckerstraße. Das neue „Glühlicht“ (1879)

Schuckerts Geschäft wuchs. 1879 wurde die Firma S. Schuckert in das Handelsregister eingetragen. Wacker in Leipzig wurde Generalvertreter für Mittel- und Norddeutschland. In der Werkstatt waren nun zwölf Gehilfen und drei Lehrlinge beschäftigt. In der Schwabenmühle wurde es trotz Anmietung weiterer Räume zu eng. An einen Neubau war nicht zu denken, weil die Banken keinen größeren Kredit geben wollten. Das Geschäft mit der Elektrizität war ihnen noch zu neu und unsicher. Da ergab sich die Gelegenheit, leerstehende Räume in der Meßthalerschen Gießerei und Maschinenfabrik in der Schloßäckerstraße 41 im südlichen Vorort Steinbühl anzumieten. Dort war eine zentrale Dampfkraftanlage mit Transmissionen vorhanden. Das genaue Datum des Umzuges ist nicht bekannt. Viele Indizien sprechen dafür, daß er Anfang des Jahres 1879 stattgefunden hat.
Im September 1879 starb Schuckerts Vater. Bis dahin hatte Schuckert im elterlichen Hause gewohnt und war als zahlender Gast von der Familie seines Bruders Georg verköstigt worden. Nun erst zog er aus und mietete sich eine Wohnung in der Tafelhofstraße, gemeinsam mit einem befreundeten Ingenieur. Zum Essen war er geschätzter Stammgast im „Württemberger Hof“. Geschäftsfreunde bewirtete er lieber in der typisch nürnbergerischen Kneipe „Zum Zwanzger“, wo es fränkische Spezialitäten und Nürnberger Bier gab.

In den neuen Räumen in der Schloßäckerstraße hatte Schuckert viel Platz für neue Aktivitäten. Seine Ziele waren hochgesteckt: Neben Maschinen wurden nun auch Werk- und Lokalbahnen, Schaltgeräte, elektrische Meßinstrumente, Zähler, selbstregelnde Bogenlampen und Scheinwerfer angeboten. Bei einigen dieser Produkte sollte es allerdings noch Jahre dauern, bis sie nennenswerten Umsatz brachten.

Fabrik an der Schloßäckerstraße um 1886. An der Straßenfront erkennt man das Verwaltungsgebäude (mit Firmenschild), daran nach links anschließend Werkstätten und die Gießerei. Hinten rechts befindet sich eine weitere Werkstatt, die Formerei, die Packerei und das Kesselhaus mit Schornstein.

Werkhalle in der Fabrik an der Schloßäckerstraße um 1886. Rechts im Bild sind mehrere Flachringmaschinen unterschiedlicher Baugrößen zu sehen. Beleuchtet wurde die Halle mit Bogenlampen nach Křižík

In dieser Zeit machte eine besondere Erfindung Schlagzeilen. Edison hatte die im Prinzip schon 25 Jahre vorher von dem deutschen Optiker Goebel in New York erfundene Kohlefaden-Glühlampe erneut erfunden und zu technischer Reife entwickelt. Alle Welt sprach von dem neuen „Glühlicht", aber nur wenige ahnten, welche Bedeutung es einmal erlangen sollte. Siemens hielt nicht viel davon, und Schuckert bezeichnete es als typisch amerikanischen Mumpitz. Beide glaubten, der Bogenlampe gehöre die Zukunft. So griff Schuckert 1880 auch zu, als ihm aus Pilsen ein Patent über eine Differential-Bogenlampe angeboten wurde. Die Erfinder hießen Piette und Křižík. Schuckert konstruierte die Lampe um und nahm sie in sein Produktionsprogramm auf. Nach ersten Anfängen mußte jedoch die Fertigung gestoppt werden, weil Siemens Einspruch gegen das Patent erhoben hatte. Siemens-Chefkonstrukteur von Hefner-Alteneck hatte eine ähnliche Differentiallampe erfunden. In dem nun einsetzenden Patentstreit setzte sich Schuckert höflich, aber bestimmt und selbstbewußt mit von Hefner-Alteneck auseinander und gewann den Prozeß. Von da an gingen die Produktionsziffern der Lampen steil in die Höhe. Mit den neuen Bogenlampen führte Schuckert eine der ersten größeren elektrischen Beleuchtungen Deutschlands durch. Auf der Wollindustrie-Ausstellung in Leipzig beleuchtete er 1880 die Hallen mit 16 Lampen, gespeist von zwei Flachringmaschinen mit je 8 Ampère.

Die neue Bogenlampe und einen erschütterungsfesten Lokomotivscheinwerfer stellte Schuckert auf der Elektrotechnischen Weltausstellung 1881 in Paris aus. Beide Produkte wurden hoch prämiert. Wichtiger für Schuckert war aber, daß er in Paris die Sonderausstellung der Edison-Gesellschaft sah. Tausende von Glühlampen tauchten den Saal in ein mildes, angenehmes Licht. Noch beeindruckender war, daß Edison ein komplettes System vorstellte; nicht nur Glühlampen, sondern alles, was dazugehörte: Fassungen, Schalter, Stecker, Sicherungen, Beleuchtungskörper von der Küchenleuchte bis zum vielflammigen Kristallüster. Besucherschlangen bildeten sich vor einer elektrischen Stehlampe, deren Licht jeder Besucher durch Drehen an einem kleinen Knebel ein- und ausschalten konnte. Schuckert begriff: Das war kein amerikanischer Mumpitz, sondern die Beleuchtungstechnik der Zukunft.

Auch ein anderer deutscher Besucher erfaßte die Bedeutung des neuen Glühlichtes: Emil Rathenau. Noch stärker als Schuckert hatte er die Gabe, sich visionär die Zukunft vorzustellen. Er dachte in Systemen und sah sofort elektrisches Glühlicht in Wohnungen, Geschäften, Theatern und Ämtern, und er sah vor allem die dazugehörenden Leitungsnetze und Elektrizitätswerke. Rathenau verhandelte lange mit Banken wegen der Finanzierung und mit Werner Siemens, der über Produktionsmöglichkeiten verfügte. Schließlich gründete er 1883 zusammen mit Oskar von Miller die Deutsche Edison-Gesellschaft, die zunächst nur Glühlampen produzierte. Ein Vertrag mit Siemens & Halske regelte die Arbeitsteilung beim Bau von Zentralen.

Auch Schuckert zögerte nicht, aber er stieg nicht so groß in das Geschäft ein. Durch Verhandlungen mit Edison erhielt er das Installationsrecht für Glühlampen. Alles Zubehör, wie Fassungen, Schalter und sonstiges Installationsmaterial, produzierte er selbst; doch strebte er nie danach, selbst Glühlampen herzustellen.

Erste bleibende elektrische Straßenbeleuchtung Deutschlands (1882)

Obwohl die Beleuchtung mit Glühlampen sich rasch ausbreitete, blieben für Schuckert die Bogenlampen ein ständig wachsender Produktionszweig, den nun sein Freund Heinisch betreute. In der Nürnberger Kaiserstraße wurde am 7. Juni 1882 eine im Auftrag des Magistrats errichtete fest installierte öffentliche elektrische Straßenbeleuchtung in Betrieb genommen. Den Strom lieferte eine Flachringmaschine, die in der Almosmühle über eine Turbine vom Fischbach angetrieben wurde. Bei einer Drehzahl von 1050 Umdrehungen in der Minute lieferte sie 8,6 Ampere Gleichstrom mit 160 Volt über eine Freileitung von 500 m Länge. Drei Bogenlampen ersetzten 35 der bisher verwendeten Gaslaternen. Es wurden verbesserte Křižík-Lampen auf umlegbaren Kandelabern verwendet. Dies war die erste bleibende elektrische Straßenbeleuchtung Deutschlands, eigentlich auch Europas. In Paris gab es zwar seit 1879 eine elektrische Beleuchtung der Avenue de l'Opéra mit „Jablotschkoffschen Kerzen". Doch diese Vorläufer der Bogenlampen bewährten sich im praktischen Betrieb nicht. Und Berlin erhielt seine erste elektrische Beleuchtung

Erste bleibende elektrische Straßenbeleuchtung Deutschlands in der Nürnberger Kaiserstraße, 1882 von Schuckert gebaut

am Potsdamer Platz und in der Leipziger Straße als Dauerversuchsanlage der Firma Siemens & Halske erst ein Vierteljahr später als in Nürnberg.

Im gleichen Jahre beleuchtete Schuckert die Hallen der Bayerischen Industrie-, Gewerbe- und Kunstausstellung in Nürnberg. In den Innenräumen waren Glühlampen angebracht. Der Stadtpark erhielt durch 24 Bogenlampen bei Nacht ein „feenhaftes Aussehen". In einer Halle druckte eine elektrisch angetriebene Rotationspresse eine Zeitung. Der Strom hierfür wurde über eine 1000 m lange Freileitung vom Rennweg herangeführt.

Im Bemühen um die Öffentlichkeit war Schuckert damals kaum zu übertreffen. Schon kurz nach der Nürnberger Ausstellung erregte er auf der Münchener Elektrizitätsausstellung 1882 großes Aufsehen. Er installierte eine 5 km lange Freileitung von einem Generator in der Maffeischen Maschinenfabrik in der Hirschau nach München zum Glaspalast. Dort betrieb er mit dem mit 655 Volt übertragenen Strom die Motoren einer Mechanikerwerkstatt und zwei Dreschmaschinen. Abends beleuchtete er den Glaspalast. Vom Dach des Gebäudes strahlte ein Schuckertscher Scheinwerfer die 700 m entfernten Türme der Frauenkirche an, und der Königsplatz war mit Bogenlampen hell beleuchtet. Ein Sonderzug der Eisenbahn führte Schuckerts erschütterungsfesten Lokomotivscheinwerfer vor, der die Strecke zwei Kilometer weit mit ruhigem, nicht flackerndem Licht erhellte.

Auch Oskar von Miller demonstrierte auf der Ausstellung eine elektrische Kraftübertragung. Zusammen mit dem Franzosen Desprez installierte er eine Leitung von Miesbach, wo der Generator stand, bis zum Glaspalast. Diese Leitung hatte die sensationelle Länge von 57 km, jedoch konnten von den 15 PS (etwa 11 kW), die in Miesbach in elektrischen Strom umgewandelt wurden, im Glaspalast nur noch 0,4 PS zum Betrieb einer kleinen Pumpe nutzbar gemacht werden, obwohl für die Übertragung die für damalige Begriffe ungewöhnlich hohe Spannung von 1330 Volt verwendet wurde. Die Anlage litt jedoch häufig unter Störungen, wogegen Schuckerts Übertragung einwandfrei arbeitete.

Von der Eröffnung der Ausstellung wird berichtet, wie alle Aussteller feierlich in Frack und Zylinder Aufstellung genommen hatten, um den Schirmherrn der Ausstellung, Prinz Luitpold, den späteren Prinzregenten, zu erwarten. Nur Schuckert eilte noch im Arbeitsanzug umher und kontrollierte die vielen Leitungen, die er verlegt hatte. Als der hohe Gast eintraf, lief Schuckert ihm versehentlich in die Arme. Der Prinz hielt ihn fest und verwickelte ihn in ein halbstündiges Gespräch. Schuckert wurde zum „Star" der Ausstellung. Er war ständig zugegen und hielt auf dem Festbankett eine Rede. Auch knüpfte er bei dieser Gelegenheit viele neue Geschäftsbeziehungen an.

Ganz offensichtlich befand sich Schuckert in dieser Zeit um 1882 auf der Höhe seines Schaffens. Er war nun sicher und gewandt im Auftreten bei aller natürlichen Bescheidenheit. Noch konnte er seine kleine Fabrik allein leiten und fühlte sich wohl dabei. Er war Firmenchef, Fertigungsleiter, Konstrukteur, Vertriebschef und Personalchef in einer Person. Sonntags war er oft ein gern gesehener Gast im Hause des Direktors der Maschinenfabrik Cramer-Klett, Kommerzienrat Hensolt. Dort lernte er Marie Sophie Giesin, seine spätere Frau, kennen, die mit Hensolt verwandt war. Sie war damals gerade 25. Sie stammte aus Emmendingen in Baden und half der Frau des Kommerzienrats im Haushalt.

Für Schuckert war die Zeit pausenloser Schwerarbeit vorbei. Seine Fabrik beschäftigte nun 29 „Beamte" und 119 Arbeiter. Trotz des größer gewordenen Betriebs konnte er die Produktion noch überblicken und die Qualität der Produkte persönlich überwachen. Noch kannte er jeden Kunden und jeden seiner Mitarbeiter persönlich. In seinem Denken spielte die Fürsorge für die ihm anvertrauten Menschen eine immer größere Rolle. Seine Arbeiter nannten ihn nun „Vadder Schuckert". Er war sechunddreißigjährig bereits eine väterliche Figur geworden, Patriarch im besten Sinne des Wortes.

Von Jugend an hatte es zu seinem Wesen gehört, daß er die Notlage anderer nicht mitansehen konnte, ohne helfend einzugreifen. So wie er als Anführer der Johannesgaßbuben die Kleinen beschützt hatte, so wie er als junger Mann eingriff, wenn er sah, daß ein Schwächerer geschlagen wurde, so bemerkte er jetzt, wenn einer seiner Mitarbeiter ein bekümmertes Gesicht zog; er forschte nach und half unauffällig.

Ausbau der Fabrik. Gründung einer Krankenkasse (1883)

Schon bald wuchs die Belegschaft seiner Fabrik weiter an. Der persönliche Kontakt zwischen Schuckert und seinen Mitarbeitern verlor nun an Intensität. Er mußte Fabrikhallen anbauen und ein Verwaltungsgebäude errichten, das technische und kaufmännische Abteilungen und ein Konstruktionsbüro aufnahm. Im zweiten Stock richtete er für sich selbst eine Wohnung ein. Alle Räume des Hauses erhielten elektrische Beleuchtung, nur seine Wohnung nicht. Dort hatte er Gaslampen. Nostalgie? Nein, die kannte man im fortschrittsgläubigen 19. Jahrhundert noch nicht. Es war schlichte Sparsamkeit: Außerhalb der Arbeitszeit, wenn er sich in seiner Wohnung aufhielt, lohnte es nicht, den Generator laufen zu lassen.

Die Produktion betrug im Jahre 1883 schon 233 Dynamomaschinen und über 1000 Bogenlampen. Der wachsende Umsatz machte Schuckert klar, daß er seine Arbeitsweise ändern mußte. Bei seiner bisherigen Gewohnheit, alles selbst zu entscheiden, begann die Dynamik seines Geschäfts ihn zu überholen. Er war erst 37 Jahre alt und auf der Höhe seines Wissens und Könnens. Aber er kannte nun nicht mehr jeden Arbeiter seiner Fabrik persönlich und konnte nicht mehr jede Maschine oder Lampe selbst prüfen, bevor sie die Fabrik verließ. In Brannenburg bei Rosenheim bauten seine Leute die erste elektrische Industriebahn für Holztransport. Auch da konnte er nicht immer persönlich dabei sein. So schwer es ihm fiel, er mußte delegieren lernen und eine Organisation schaffen. Wie immer kam ihm dabei seine Fähigkeit zugute, stets den richtigen Mann zu finden. Es gelang ihm, Ferdinand Decker aus Cannstadt, mit dem er schon länger befreundet war, für sich zu gewinnen. Decker wurde 1883 technischer Leiter der Fabrik und schuf die Organisation, die die Fabrik brauchte.

Je größer die Zahl der Mitarbeiter wurde, um so mehr fühlte sich Schuckert bedrückt, wenn er in seiner Fabrik fremden Gesichtern begegnete, die er nun nicht mehr alle kennen konnte. Er erfuhr nicht mehr, ob es den Leuten gut oder schlecht ging. Das spontane Helfen in Notfällen, wie er es gewöhnt war, wurde schwieriger. So begann er, sich Gedanken über soziale Hilfseinrichtungen zu machen. Am 1. Mai 1883 gründete er eine eigene

Fabrikkrankenkasse, der alle Mitarbeiter angehören mußten. Er stattete diese Einrichtung mit einem großzügigen Grundkapital aus. Bei geringem Beitrag waren die Leistungen so mustergültig, daß mehrmals Belobigungen von der Regierung erfolgten. Die gesetzliche Regelung des Krankenkassenwesens kam erst später, und sie sah wesentlich bescheidenere Leistungen vor.

Eine Besonderheit in Schuckerts Unternehmen war auch die Auszahlung großzügiger Weihnachtsgratifikationen. Schon vom zweiten Jahr seiner Selbständigkeit an, als er selbst noch jeden Kreuzer umdrehte und äußerst spartanisch lebte, zahlte er seinen Mitarbeitern ein Weihnachtsgeld. Im Jahre 1880 betrug die Weihnachtsgratifikation für jeden Mitarbeiter einheitlich 300 Mark. Das war sehr viel Geld. Zum Vergleich: Ein Ei kostete damals nur einen Pfennig.

Schuckert lernte auf der Internationalen Elektrizitätsausstellung 1881 in Paris Friedrich Uppenborn kennen, den er als Mitarbeiter gewinnen konnte. Der Erfinder des Dreheisen-Meßinstruments verließ jedoch bereits 1883 die Firma Schuckert wieder. Aber dank seiner Vorarbeit konnte ab 1884 eine Serienproduktion von elektrischen Meßinstrumenten aufgenommen werden, deren Leitung dann Georg Hummel übernahm. Hummel war einer der ersten Absolventen der neuen Technischen Hochschule München. Der 26jährige hatte gerade sein Studium beendet, als Schuckert ihn anläßlich der Münchener Elektrizitätsausstellung kennenlernte und für seine Fabrik verpflichtete. Hummel richtete bei Schuckert das erste Werkslabor, Probierraum genannt, ein.

Wacker wird kaufmännischer Leiter (1884) und Teilhaber (1885)

Die fertigungstechnische Organisation der Fabrik war von Dekker geschaffen worden. Unglücklicherweise starb dieser tüchtige Mann, im Juli 1884, viel zu früh. Sein Leichnam wurde in seine Heimat nach Stuttgart überführt. Schuckert gab ihm mit der ganzen Belegschaft der Fabrik das letzte Geleit zum Bahnhof.

Auch dem kaufmännischen Bereich fehlte der leitende Fachmann. Bisher hatte Schuckert versucht, mit Aufzeichnungen in seinen Notizbüchern die Übersicht zu behalten. Als er merkte, daß ihm das nicht mehr gelang, überredete er den Kaufmann Alexander Wacker, die kaufmännische Leitung zu übernehmen. Wacker stimmte zu und übersiedelte im April 1884 nach Nürnberg. Zuvor hatte er sein Leipziger Geschäft umorganisiert.

Wacker dachte langfristig und plante in größeren Dimensionen als Schuckert. Seine energische Tatkraft wirkte sich schon bald aus. Ein Jahr nach Beginn seiner Tätigkeit setzte ein immer steiler werdender Anstieg des Umsatzes ein.

Ende 1885 wurde Wacker mit dem Vermögen, das seine Frau (die Tochter eines Leipziger Verlegers) in die Ehe eingebracht hatte, Teilhaber an der Fabrik. Die Firma wurde in Schuckert & Co. umbenannt. Sie hatte zu dieser Zeit 274 Mitarbeiter und einen jährlichen Umsatz von 1,53 Millionen Mark. Für die Erweiterung der Produktion von Meßinstrumenten, die unter Hummels Leitung stark zugenommen hatte, mußte ein dreistöckiges Werkstättenhaus gebaut werden.

Wackers Geschäft in Leipzig wurde in die erste Zweigniederlassung der Firma umgewandelt. Innerhalb der nächsten drei Jahre entstanden dann Zweigniederlassungen in München, Köln, Breslau und Hamburg. Damit hatte Schuckert das Vertreterprinzip verlassen, das sich im Elektrogeschäft wegen mangelnder Fachkompetenz der meist branchenfremden Vertreterfirmen nicht bewährt hatte.

Schuckerts Scheinwerfer gehen in alle Welt (1885)

Dank der Hilfe Wackers, der auch in technischen Fragen mitreden konnte, hatte Schuckert nun wieder mehr Spielraum, über neue Produkte nachzudenken. Wie immer hatte er ein untrügliches Gefühl für kommenden Bedarf. Als ihm Professor Munker, Mathematiklehrer am Nürnberger Realgymnasium, seine Berechnungen für den Bau einer Parabolspiegel-Schleifmaschine vorlegte, konstruierte er diese und ließ sie in seiner Werkstatt bauen. Zusammen mit Munker erhielt er ein Patent darauf. Die Aachener Glashütte Krison konnte Rohlinge aus einem Spezialglas liefern. So gelang es nach einiger Zeit, große Glas-Parabolspiegel für Scheinwerfer aus einem Stück in bisher nicht gekannter Güte herzustellen.

Die europäischen Staaten schufen sich zunehmend Kolonien in Afrika, Asien und Südamerika. Auch das junge deutsche Kaiserreich strebte, zunächst noch zögernd, nach überseeischem Besitz. Die Seefahrt nahm einen starken Aufschwung, und mit ihr auch die Marine. Schuckerts Scheinwerfer kamen gerade zur rechten Zeit auf den Markt. Sie hatten neben den optisch guten Parabolspiegeln, ihrer hohen Zuverlässigkeit und ihren ruhig brennenden Bogenlampen noch eine patentierte Besonderheit: den „Streuer". Dies war eine vor dem Spiegel anzubringende Scheibe aus Zylinderlinsen, die Schuckerts Mitarbeiter Fidelis Nerz erfunden hatte. Der Streuer verwandelte den eng gebündelten, zum Beleuchten von Punktzielen geeigneten Strahl des Parabolspiegels in einen flachen horizontalen Fächer, mit dem man eine weite Fläche ausleuchten konnte.

In Schuckerts Werk wurden auch Scheinwerfer für viele andere Zwecke hergestellt: für Leuchttürme, zur Bühnenbeleuchtung, für Baustellen und zum Anstrahlen von Denkmälern und Gebäuden. Ab 1885 wurden nach der deutschen Marine auch die Flotten fast aller anderen Seemächte und viele Handelsschiffe mit Schuckertschen Scheinwerfern ausgerüstet. Diese weltweite Verbreitung machte auch weitere Schuckert-Erzeugnisse, vor allem die Flachringmaschinen und Meßinstrumente, in aller Welt bekannt.

Das Jahr 1885 brachte auch eine Erfindung, die zwar mit Licht, nicht aber mit Elektrizität zu tun hatte: Der österreichische Chemiker Auer von Welsbach erfand den Gasglühstrumpf.

Man muß sich die Bedeutung dieser Erfindung vor Augen führen, um ihre Rückwirkung auf die Weiterentwicklung der elektrischen Beleuchtung zu verstehen. Bis dahin waren die in allen wichtigen Straßen und auch in vielen Gebäuden vorhandenen Gaslampen „trübe Funzeln" gewesen. Durch den Auerschen Glühstrumpf, der mit geringem Aufwand in Gaslampen eingebaut werden konnte, strahlte das Gaslicht nun hell und weiß. Die Gaswerke und Verteilungsnetze waren in den meisten größeren Städten vorhanden. Nachdem das Gas dank Auers Erfindung zu einem attraktiven Beleuchtungsmittel geworden war, lag es auf der Hand, die städtischen Verteilernetze auszubauen und im großen Stil Straßen, öffentliche Gebäude, Geschäfte und Wohnungen mit Gas zu beleuchten. Dadurch wurde die weitere Ausbreitung der elektrischen Beleuchtung vorübergehend gebremst. Die Umstellung von Gas auf elektrisches Licht in den Haushalten hat sich deshalb bis in die zwanziger Jahre unseres Jahrhunderts hingezogen.

Schuckert heiratet und wird Kommerzienrat (1885)

In Schuckerts Leben trat 1885 eine grundlegende Änderung ein. Der eingefleischte Junggeselle heiratete. Am 12. Mai wurde er in der Wöhrder Kirche mit Marie Sophie Giesin getraut. Das junge Paar richtete sich in Schuckerts Wohnung im zweiten Stock des Verwaltungsgebäudes ein. Frau Schuckert wurde bald eine Art Mutter der Fabrik. Sie kümmerte sich besonders um die Familien der Arbeiter, machte Besuche und half sofort, wenn sie Menschen traf, die sich in einer Notlage befanden.

Ein halbes Jahr nach seiner Hochzeit wurde Schuckert am 31. August 1885 von König Ludwig II. durch die Verleihung des Titels Kommerzienrat geehrt. Als braver Untertan nahm er diesen Titel, der so gar nicht zu dem Techniker Schuckert paßte, trotzdem dankbar an. Hier drängt sich der Vergleich mit Werner Siemens auf, der in eine ähnliche Lage geraten war, als er zum Kommerzienrat ernannt werden sollte. Siemens reagierte darauf mit der Bemerkung, er sei preußischer Leutnant und Dr. phil. h.c., dazu der Titel Kommerzienrat – das mache ihm Leibschmerzen; die Ernennung fand daraufhin nicht statt.

Sigmund Schuckert
mit seiner späteren Frau Marie Sophie
(1884)

Für Schuckert brachte die neu verliehene Würde gesellschaftliche Verpflichtungen mit sich. Frau Sophie mußte ihrem Mann klar machen, daß man nun endlich auch mal die Hensolts und andere „feine Leute“ einladen müsse. Dazu paßte die bescheidene Werkswohnung schlecht. Also zogen die Schuckerts in eine repräsentative Wohnung in der Beletage eines Hauses am Stadtpark. Den verhältnismäßig weiten Weg von dort in die Fabrik ging Schuckert täglich zu Fuß, um sich Bewegung zu verschaffen.

Sigmund Schuckert scheint der Ehestand gut gefallen zu haben. Die Ehe war glücklich, blieb aber kinderlos, obwohl Schuckert sehr gerne Kinder gehabt hätte. Die Annehmlichkeiten der schönen Wohnung wußte er sehr zu schätzen, weshalb er nur noch ungern ausging. Viel lieber bewirtete er Gäste bei sich, wobei er sich als ein guter Gastgeber erwies. Er spielte gerne und meisterhaft Billard, sang auch mal ein Lied zur Laute oder trug selbstverfaßte Gedichte vor. In seinen Notizbüchern findet sich ein Gedicht, das er 1891 während einer Reise in die Schweiz zum Geburtstag seiner Frau geschrieben hat. Als Beispiel für „Schuckertsche Lyrik“ sei es hier wiedergegeben.

Beatenberg

In den Alpen, in den Bergen
feier' ich Deinen Tag so gern.
Wo wir frei sind wie die Lerchen
von der Menschen Drangsal fern.

Laß Dich innig heut' umarmen,
Alles Glück, das wünsch ich Dir!
Trag im Herzen, in dem warmen,
stets Befriedigung mit Dir!

Schön zufrieden mit den Dingen,
wie sie uns die Welt just baut,
mögest Du mit mir verbringen
lange noch recht frohe Zeit.

So ist uns're Lieb gediehen
immer schöner jedes Jahr.
Mög' Gesundheit Dir erblühen!
Schatz! Sei glücklich immerdar!

Der dritte Vers dieses Gedichts spiegelt Schuckerts Lebensphilosophie: Zufriedenheit mit dem Erreichten, kein ehrgeiziges Streben nach äußerlichem Glanz. In den Wünschen für seine Frau spürt man seine eigenen, daß es „noch recht lange Zeit“ so gut weitergehen möge. 1891, als das Gedicht entstand, mag er vielleicht schon geahnt haben, daß ihn das Glück ein Jahr darauf verlassen würde.

Zunächst aber, in den Jahren nach seiner Verheiratung, genoß er neben seiner rastlosen Tätigkeit für die Fabrik auch den materiellen Wohlstand, den ihm sein Fleiß eingebracht hatte. Mit seiner Frau, häufig auch mit befreundeten Familien, machte er jedes Jahr Urlaubsreisen – immer ins Gebirge. Seine Liebe für die Berge hat er 1890 in einem Gedicht zum Ausdruck gebracht, in dem er sehr anschaulich eine Abendstimmung im Berner Oberland schildert. Dieses schließt überraschend, nicht ohne Komik:

> Gut' Nacht, ihr Berge, ihr Freuden der Welt!
> Prost! Morgen werden wieder Dynamos bestellt.

Eine ganz charakteristische Erscheinung des gesellschaftlichen Lebens gegen Ende des 19. Jahrhunderts war die „Vereinsmeierei". Dieser Ausdruck war aufgekommen, als in allen deutschen Städten, auch in Nürnberg, hunderte von Vereinen mit zum Teil skurrilen Zielsetzungen entstanden. Besondere Blüten in Nürnberg waren z. B. der „Freßverein" in Gostenhof und, als Gegenstück, ein „Saufverein" im benachbarten Stadtteil Steinbühl.

Schuckert hielt sich von Vereinen zurück, soweit es möglich war. Trotzdem konnte er aus gesellschaftlichen Gründen eine Mitgliedschaft in verschiedenen Vereinen nicht umgehen. So war er Mitglied des Gewerbevereins und des Industrie- und Kulturvereins. Eine hohe Ehrung war 1890 seine Aufnahme in den „Pegnesischen Blumenorden". Darüber hinaus war er Mitglied einer Stammtischgesellschaft, deren Mitglieder sich „Ritter von der elektrischen Tafelrunde" nannten. Wahrscheinlich waren es lauter „Schuckerter". Er selbst hatte dort den Namen „Ritter Sigismund von Leuchtenberg" in Anspielung auf sein damaliges Hauptgeschäft, die elektrische Beleuchtung.

Auch der Freiwilligen Feuerwehr gehörte Schuckert seit vielen Jahren an. In diesem Zusammenhang ist eine Episode überliefert, die ein Licht auf Schuckerts Art wirft, das Notwendige schnell anzupacken. Als er an einer Faschingsveranstaltung teilnahm, ertönte plötzlich Feueralarm, da eine Mühle brannte. Alle Feuerwehrleute rannten nach Hause, ihre Helme und Uniformen zu holen. Als sie zur Brandstelle kamen, stand Schuckert schon lange in seiner Faschingskostümierung an der Pumpe.

Beginn des Straßenbahnbaus in Deutschland (ab 1886)

Mitte der achtziger Jahre begannen zahlreiche Neuerungen den Straßenverkehr zu revolutionieren. Carl Benz baute 1886 das erste Automobil. Auch die ersten Radfahrer wurden bestaunt. Es war ein Sport für Mutige und Begüterte, denn es gab zunächst nur Hochräder, aus England importiert und sündhaft teuer. Billiger wurden sie erst ab 1886, als Marschütz in Nürnberg die erste Fahrradfabrik auf dem Kontinent eröffnete. Auch er stellte zuerst nur Hochräder her. Niedrigräder wurden hier erst ab 1898 produziert, als Kettenübersetzung und Freilauf erfunden waren. Die Firma von Marschütz nannte sich später „Hercules“. Sie ist heute die älteste noch produzierende Fahrradfabrik der Welt.

Ebenfalls im Jahre 1886 nahm Schuckert die erste elektrische Personenbahn in Betrieb. Sie verkehrte in München zwischen Schwabing und dem Ungererbad. Schon 1881 hatte Siemens in Lichterfelde bei Berlin versuchsweise eine elektrische Straßenbahn in Betrieb genommen. Sowohl er als auch Schuckert waren davon ausgegangen, daß sich die Umstellung der in vielen Städten vorhandenen Pferdebahnen auf elektrischen Antrieb sehr rasch durchsetzen würde. Aber die Stadtverwaltungen zögerten. Aus ästhetischen Gründen wollten sie keine Oberleitungen in den Straßen haben und warteten ab, ob den Erfindern noch ein besseres Stromabnehmerprinzip einfiele. 1890 zeigte Schuckert auf dem Nürnberger Volksfest eine Straßenbahn in Betrieb, erreichte dabei aber natürlich nicht das kompetente Publikum. Im gleichen Jahr kaufte die AEG eine Pferdebahn in Halle auf und stellte sie kurzerhand auf elektrischen Antrieb um. Dies wirkte als Signal. Viel später als in den USA setzte nun auch in Deutschland der Bau elektrischer Straßenbahnen ein. In Nürnberg fuhr die erste „Elektrische“ übrigens erst ab 1896, auf der Strecke Maxfeld–Bahnhof–Königstraße–Karolinenstraße–Plärrer–Fürth. Errichtet und betrieben wurde sie von der AEG.

Schuckerts Einstieg in den Zentralenbau (1887/88)

Elektrische Beleuchtungsanlagen bestanden bis zur Mitte der achtziger Jahre stets aus einigen wenigen Lampen und einer oder mehreren kleinen Dynamomaschinen mit Dampf- oder Wasserantrieb. Das erste zentrale Kleinkraftwerk in Deutschland war die 1884 von Siemens im Auftrag und auf Rechnung der Deutschen Edison-Gesellschaft errichtete „Blockstation“ in Berlin, an der Ecke Friedrichstraße–Unter den Linden. Sie lieferte Strom zur Beleuchtung eines Cafés und einiger Läden. Die Deutsche Edison-Gesellschaft hat kurz danach zusammen mit der Stadt Berlin die Städtischen Elektrizitätswerke, die spätere BEWAG, gegründet. Diese ließ schon 1885 von Siemens das erste deutsche Elektrizitätswerk für öffentliche Stromversorgung in der Berliner Markgrafenstraße bauen. Sechs Dampfmaschinen trieben hier 18 Dynamomaschinen zu je 40 kW an. Durch die große Anzahl der Maschinen konnte, je nach Zuschaltung, die Leistung der stark schwankenden Belastung angepaßt werden. Schon 1887 mußte dieses Kraftwerk wegen des stark gestiegenen Bedarfs um eine direkt gekuppelte 200-kW-Maschine erweitert werden.

Schuckert begann 1887 mit dem Bau der ersten Zentralen. Zu gleicher Zeit entstand eine Zentrale in Lübeck und eine im Freihafen von Hamburg. Bei beiden wurde das Zweileiterprinzip angewendet. Das technisch vorteilhaftere Dreileiterprinzip nach Hopkinson wurde im gleichen Jahre erstmals von Siemens & Halske beim Bau der Zentrale Elberfeld angewendet.

Eine weitere technische Verbesserung erreichte Schuckert 1888 beim Bau des städtischen Elektrizitätswerks Barmen. Hier waren Akkumulatoren gleicher Leistungsfähigkeit parallel zu den Dynamomaschinen geschaltet, und es wurde ein Dreileitersystem verwendet. Dieses Elektrizitätswerk hatte für die nächsten Jahre große Bedeutung als Prototyp für alle Gleichstromzentralen.

Zur gleichen Zeit wie in Barmen baute Schuckert Zentralen im Freihafen Bremen und in der Stadt Hamburg an der Poststraße, diese beiden jedoch noch mit Zweileitersystem und ohne Pufferbatterien.

Die Deutsche Edison-Gesellschaft wurde 1887 in die AEG umgewandelt. Die seit 1883 bestehenden vertraglichen Vereinbarungen zwischen der Deutschen Edison-Gesellschaft und Siemens

& Halske wurden bis 1894 schrittweise abgebaut, so daß die AEG danach unabhängig von Siemens & Halske alles herstellen konnte, was für den Zentralenbau benötigt wurde.

Wacker sah im Zentralengeschäft eine große Chance und scheute sich nicht vor unternehmerischem Handeln. Schuckert, dem diese Art des Geschäfts ebenso wenig lag wie Werner von Siemens, ließ jedoch seinem Compagnon vertrauensvoll freie Hand und kümmerte sich lieber um die Technik.

Um die für den Zentralenbau erforderliche Finanzkraft zu schaffen, wurde die Offene Handelsgesellschaft zu Beginn des Jahres 1888 in eine Kommanditgesellschaft mit 8 Millionen Mark Kapital umgewandelt. Schuckert und Wacker hielten Anteile von anfangs je 1,25 Millionen Mark. Kommanditisten waren Banken, Privatleute und Industrieunternehmen.

Streik, Zehnstundentag und Gründung einer Pensionskasse (1888/90)

Das Jahr 1888 brachte für Sigmund Schuckert eine herbe Enttäuschung. Seine Arbeiter, die ihn „Vadder Schuckert" nannten, traten in den Streik, weil einer von ihnen wegen Hetzreden entlassen worden war. Zwar bewährte sich nun Schuckerts vertrauensvolles Verhältnis zu seinen Arbeitern. Es gelang ihm, den Streik durch Verhandlungen in kürzester Frist zu beenden, so daß niemand größere Einbußen hinnehmen mußte. Er selbst aber war durch dieses Ereignis in seiner patriarchalischen Grundhaltung verunsichert und er fühlte sich verletzt. Noch zwei Jahre später kam er in einer Ansprache auf dieses Thema zurück. Im Entwurf zu seiner Rede heißt es: „Ich bin der Meinung, daß es am besten ist, sich beiderseitig beizeiten zu besprechen, und zu diesem Zweck wird ein Arbeiterausschuß ein geeignetes Mittel sein. Arbeitnehmer und Arbeitgeber, ich halte diese Worte für unglücklich gewählt. ... Ich bin ... der Meinung, daß ein richtiger Arbeitgeber ... sich selbst die meiste Arbeit gibt."

Stets bemüht um menschliche Arbeitsbedingungen, führte Schuckert im Mai 1889 den Zehnstundentag in seiner Fabrik ein – Jahre bevor andere Betriebe in Deutschland diesem Beispiel

An die

Beamten und Arbeiter

der Kommanditgesellschaft

Schuckert & Co.

Das Gesetz der Invaliditäts- und Altersversicherung tritt voraussichtlich nächstes Jahr in Kraft.

Damit die nach diesem Gesetze Versicherten sich alle ihnen dadurch zugedachten Vorteile sichern können, ist es nötig gewisse Vorbedingungen zu erfüllen.

Zur Anleitung, was zu diesem Zwecke zu geschehen hat, sind einige Schriften erschienen, wovon jeder bei uns Beschäftigte auf Verlangen ein Exemplar bei seinem Werkführer oder Bureauvorstand kostenfrei erhalten kann.

Zugleich teilen wir mit, daß wir beschlossen haben, *für unsere Fabrik eine eigene Versicherungsanstalt zu gründen*, welche über die Beträge der gesetzlichen Bestimmungen hinaus höhere Renten gewährt, während die dadurch erforderliche Erhöhung der Beiträge von der Firma allein bestritten wird. Diese Versicherungsanstalt soll sich auf sämmtliche Angestellte erstrecken, auch auf diejenigen, welche nicht mehr unter der gesetzlichen Versicherung stehen würden.

Da die endgültigen Statuten dieser Anstalt erst dann verfaßt werden können, wenn das Gesetz in Kraft tritt, so werden wir zunächst bei Eintritt von Arbeitsunfähigkeit oder in sonstigen Bedürftigkeits- & Notfällen Unterstützungen gewähren aus einem hiezu gesammelten Fond, der jetzt ℳ 100000 beträgt; derselbe soll auch später erhalten und von der Firma dotirt werden für außergewöhnliche Unterstützungen, die im Gesetze nicht vorgesehen sind.

Die Entscheidung über die Gewährung und die Höhe einer solchen Unterstützung steht der Fabrikleitung nach Anhörung der Vorstandschaft der Fabrikkrankenkasse zu.

Nürnberg, im Februar 1890.

Schuckert & Co.

Bekanntmachung über die Einrichtung eines Unterstützungsfonds als Vorläufer der geplanten Pensionskasse folgten. Die Zahl der Mitarbeiter war bis 1890 auf 1158 angestiegen. Die Verantwortung für diese vielen Menschen, die er als seiner Obhut anvertraut betrachtete, bedrückte ihn immer mehr. Zwar gab es die Fabrikkrankenkasse, die nach anfänglichen Schwierigkeiten und wiederholten Finanzspritzen inzwischen gut funktionierte, aber die wirtschaftliche Absicherung der Alten und Invaliden, die aus dem Arbeitsleben ausscheiden mußten, war noch nicht geregelt. Deshalb beschloß er, eine fabrikeigene Rentenversicherung zu schaffen. Die Gründung einer solchen Versicherung wurde ihm aber von der Regierung nicht genehmigt, weil eine gesetzliche Regelung in Vorbereitung war, der man nicht vorgreifen wollte. So stiftete Schuckert einen Fonds von 100000 Mark, aus dem Unterstützungen in Notfällen und bei Eintritt der Arbeitsunfähigkeit gezahlt wurden.

Gedenkblatt zur Eröffnung der neuen Fabrik an der Landgrabenstraße am 7. Juni 1890. Oben links die neuen Fabrikgebäude, darunter Medaillons mit den Bildern der beiden Firmeninhaber Wacker (links) und Schuckert

Der Großunternehmer

Neue Fabrik an der Landgrabenstraße (1890)

Durch den steilen Anstieg des Umsatzes in den letzten Jahren herrschte in den Fabrikräumen an der Schloßäckerstraße Platznot an allen Ecken und Enden. Gelände für weitere Anbauten stand nicht mehr zur Verfügung. Der Scheinwerferbau, der viel Raum benötigte, kam überhaupt nicht mehr zurecht. An der damals gerade projektierten Landgrabenstraße, am südlichen Rand des Stadtteils Steinbühl, an der Ecke zur heutigen Gugelstraße, hatte Schuckert schon 1888 ein Werkstättenhaus und eine kleine Dampfzentrale zur Stromversorgung errichten lassen. Hierhin war die Schleiferei für Parabolspiegel ausgelagert worden. Schuckert erwarb ein anschließendes 15000 Quadratmeter großes Wiesengelände, und sogleich wurde mit dem Bau einer neuen Fabrik begonnen.

Es ist beeindruckend, wie schnell damals solche Projekte verwirklicht wurden. Neben der bereits bestehenden Schleiferei, an der 175 m langen Front zur Landgrabenstraße, entstand ein großes Verwaltungsgebäude für die technischen und kaufmännischen Büros, dahinter ein geräumiges Werkstättenhaus für die Fertigung elektrischer Maschinen. Im alten Werk in der Schloßäckerstraße verblieben vorerst die Gießerei und die Fabrikation von Meßinstrumenten, Zählern und Bogenlampen.

Am 7. Juni 1890 fand die feierliche Einweihung der neuen Fabrik statt. Aus diesem Anlaß war ein Gedenkblatt gedruckt worden, auf dem neben den Porträts der Firmenchefs Schuckert und Wakker so ziemlich alles dargestellt wurde, worauf man stolz war: Die Fabrik am Horizont, Ozeanschiff und Lokomotive mit Scheinwerfern, Maschinen, ein kräftig rauchender Schlot und im Vordergrund eine allegorische Frauengestalt, die „Göttin Elektrizität“ darstellend, von der Schuckert schon einmal in einer früheren Festrede gesagt hatte, sie sei manchmal launisch. In dieser pathetischen Verklärung kommt die Begeisterung der Techniker darüber zum Ausdruck, daß es ihnen gelungen war, diese noch immer geheimnisvolle Kraft Elektrizität zu be-

Feier zur Grundsteinlegung für die Christuskirche 1890. Links ist das festlich geschmückte Verwaltungsgebäude und die Spiegelschleiferei der Schuckertschen Fabrik an der Landgrabenstraße zu sehen

Teilansicht des Schuckertschen Ausstellungsstandes in der Maschinenhalle der Internationalen Elektrotechnischen Ausstellung in Frankfurt 1891. Das Bild zeigt links im Vordergrund zwei Flachringmaschinen, angetrieben von einer Tandem-Dampfmaschine der Firma Klett & Cie

herrschen. Die Menschen hatten damals das Staunen noch nicht verlernt – heute, in der Zeit der Mikroelektronik und des Satellitenfunks, werden technische Errungenschaften von vielen als selbstverständlich angesehen.

Gegenüber dem neuen Verwaltungsgebäude wurde im gleichen Jahr der Grundstein der evangelischen Christuskirche gelegt. Bei der Feier war Schuckert anwesend. Er stiftete 10000 Mark für eine Kanzel und sorgte dafür, daß die Kirche nach Fertigstellung als erste in Deutschland elektrische Beleuchtung und Heizung erhielt. Den Strom lieferte die Zentrale der Fabrik.

Gleich- oder Wechselstrom? Internationale Elektrotechnische Ausstellung in Frankfurt a. M. (1891)

Unter den Elektrotechnikern gab es um 1890 Meinungsverschiedenheiten darüber, auf welche Weise die charakteristischen Vorzüge der beiden Stromarten Gleichstrom oder Wechselstrom (bzw. Drehstrom) zu nutzen wären. Daß die Stromübertragung auf weite Entfernungen nur mit hochgespanntem Wechselstrom wirtschaftlich zu realisieren ist, hatten die meisten Fachleute erkannt. Und daß der Trend zu großen Elektrizitätswerken mit ausgedehntem Versorgungsgebiet ging, zeigte sich schon deutlich. Ob man aber den Endverbraucher mit Gleich- oder Wechselstrom beliefern sollte, war nicht so einfach zu entscheiden. Angesichts dieser Meinungsverschiedenheiten unter den Elektrotechnikern und den Elektrofirmen drohte eine Stagnation im Bau kommunaler Elektrizitätswerke. In Frankfurt, wo Vorverhandlungen für ein städtisches Elektrizitätswerk schon lange liefen, spürte man diese Unsicherheit besonders.

1889 kam der Zeitungsbesitzer Sonnemann auf die Idee, in Frankfurt eine internationale elektrotechnische Ausstellung zu veranstalten. Sie sollte, im Gegensatz zu den bisherigen monströsen Weltausstellungen, eine reine Fachausstellung sein. Sonnemanns Vorschlag fand lebhaftes Interesse. Der Elektrotechnische Verein Frankfurt, der Magistrat, die Banken, die Industrie, sogar die preußische Regierung – alle versprachen, dieses Projekt zu fördern. Es wurde ein Ausschuß gegründet, für dessen Vorsitz man Oskar von Miller gewann, der kurz zuvor seinen Posten als Direktor bei der AEG niedergelegt und in München ein Ingenieurbüro eröffnet hatte. In dem Ausschuß hatten Anhänger der „Wechselstrompartei" deutlich die Mehrheit.

Die Ausstellung, die am 16. Mai 1891 eröffnet wurde, machte es offensichtlich, wie unterschiedlich sich die verschiedenen Elektrofirmen mit der anstehenden Entscheidung über die Stromart auseinandersetzten. Die beiden alteingeführten Firmen Siemens & Halske und Schuckert & Co gingen nach wie vor davon aus, daß der Endverbraucher mit Gleichstrom beliefert werden müsse, da man bis vor ganz kurzer Zeit für Wechselstrom nur den Synchronmotor kannte, der als Antrieb nicht so vielseitig verwendbar war; auch sprach die Möglichkeit der Energiespeicherung in Akkumulatoren eher für den Gleichstrom. Trotzdem zeigte Siemens auch eine Zentrale für Gleich- und Wechselstrom und demonstrierte mit einer Hochspannungs-Wechselstromanlage sehr eindrucksvoll, daß man auch auf diesem Gebiet gerüstet sei. Schuckert hatte eine große und eine kleinere Gleichstromzentrale aufgebaut, zusätzlich aber auch eine Wechselstromübertragung mit 2000 V vom Palmengarten zum Ausstellungsgelände. Die für diese Anlage benötigten Transformatoren hatte Hummel

Straßenbahn von Schuckert & Co., die während der Elektrotechnischen Ausstellung Frankfurt 1891 zwischen Ausstellungsgelände und Mainufer verkehrte

entwickelt. Dies war der Beginn des Transformatorenbaus in Schuckerts Fabrik.
Die Diskussion über die Stromart war kurze Zeit vor Beginn der Ausstellung in eine neue Phase eingetreten, als Dolio-Dobrowolsky, Chefelektriker der AEG, 1889 den ersten brauchbaren Drehstrom-Asynchronmotor mit Käfigläufer präsentierte. Damit war das Hauptargument der „Gleichstrompartei", daß es für Wechselstrom keinen brauchbaren Motor gebe, zumindest schwer angeschlagen. Nun zählte nur noch die Drehzahlregelbarkeit des Gleichstrommotors als Pluspunkt.

Die AEG hatte in der Maschinenhalle keine Zentralen ausgestellt. Sie bereitete ein besonders spektakuläres Ereignis vor, das Besucher aus der ganzen Welt anlockte. Am 24. August, mehr als ein Vierteljahr nach Eröffnung der Ausstellung, war es so weit, daß die 15-kV-Drehstromübertragung von Lauffen am Neckar über 175 Kilometer zum Frankfurter Ausstellungsgelände eingeschaltet werden konnte. Dieses Projekt war auf Anregung Oskar von Millers von der AEG und der schweizerischen Maschinenfabrik Oerlikon ausgeführt worden. Es war ein kühnes Wagnis, weil bis zur Stunde der Inbetriebnahme niemand sicher sein

Schiffskommandoapparat „System Schuckert" auf der Marineausstellung der Elektrotechnischen Ausstellung Frankfurt

konnte, daß dieser Vorstoß in elektrotechnisches Neuland Erfolg haben würde. Die Planer behielten recht. Die Erbauer hatten auch sorgfältig gearbeitet: Es gab keine Pannen, die Übertragung funktionierte störungsfrei, und es ergab sich ein günstiger Wirkungsgrad. Überzeugender hätte der Beweis für die Wirtschaftlichkeit und technische Durchführbarkeit der Übertragung von hochgespanntem Drehstrom über große Entfernungen nicht geführt werden können. Mit dem am Neckar erzeugten Strom wurden die tausend Glühlampen eines großen Leuchttableaus und ein Drehstrommotor gespeist, der Wasser aus dem Main für einen zehn Meter hohen Wasserfall pumpte. Die Sensation war perfekt.

Für die „Patriarchen“ der Elektrotechnik, für Schuckert noch mehr als für Siemens, war dieser glänzende Erfolg der „Wechselstrompartei“ eine bittere Pille. Trotzdem konnte Schuckert mit dem Erfolg der Ausstellung zufrieden sein. Es war der Firma gelungen, ihre große Leistungsfähigkeit zu demonstrieren. Außer den beiden Gleichstromzentralen in der Maschinenhalle und der Wechselstromübertragung hatte Schuckert auch eine elektrische Straßenbahn geliefert, die zwischen Ausstellung und Mainufer verkehrte. Am Main stand ein Leuchtturm, auf dem zwei Schuk-

Bühnenregulator von Schuckert & Co. im Viktoria-Theater Frankfurt, eingerichtet für das Dreifarbensystem (blau, rot, weiß)

kert-Scheinwerfer mit 1560 bzw. 900 mm Spiegeldurchmesser angebracht waren; beide durch Elektromotoren in alle Richtungen bewegbar. Der 1,56-m-Scheinwerfer wurde als der größte der Welt bestaunt. In der Marineausstellung zeigte man den Schiffskommandoapparat „System Schuckert". In einer künstlich angelegten Grotte wurde das Wasser zweier Wasserfälle von elektrisch betriebenen Pumpen gefördert und durch unter Wasser angebrachte Glühlampen von innen farbig so beleuchtet, daß das Wasser selbst zu leuchten schien. Das Ausstellungstheater, in dem das eigens für die Ausstellung verfaßte Ballett „Pandora" mehrmals aufgeführt wurde, war von Schuckert mit vollständiger Beleuchtungsanlage, Projektoren, Bühnentechnik und automatischen Feuermeldern ausgerüstet worden. Der Schwerpunkt der Schuckertschen Ausstellung war aber die Demonstration der vielfältigen Anwendungsmöglichkeiten elektrischer Antriebe für Handwerk und Industrie. Die meisten der auf der Ausstellung gezeigten Elektromotoren stammten von Schuckert.

Am Rande sei hier erwähnt, daß damals die Vertretung der Firma Schuckert im Raum Frankfurt im Vergleich zu allen anderen Elektrofirmen am stärksten ausgebaut war: 1890 hatte die Zweigniederlassung Frankfurt 50 Angestellte und über 200 Monteure.

Bau weiterer Zentralen (ab 1891)

Schon 1890 war es nach langen Verhandlungen zu einem Vertrag mit der Stadt Altona über Bau und Betrieb eines städtischen Elektrizitätswerks gekommen. Dieser Auftrag war nur in der Form einer Konzession zu erhalten. Die Firma Schuckert mußte den Bau auf eigene Rechnung durchführen, die Zentrale betreiben und einen beträchtlichen Teil des Gewinns aus dem Stromverkauf an die Stadt abführen, die ihrerseits das Recht hatte, die Zentrale zum jeweiligen Buchwert zu kaufen. Dies waren in der Tat wenig verlockende Bedingungen. Trotzdem übernahm die Firma Schuckert diese Konzession vor den Toren der zweitgrößten Stadt Deutschlands in der Hoffnung, dadurch ihre Chancen bei der zu erwartenden Vergabe des Auftrags für ein größeres Elektrizitätswerk in Hamburg zu verbessern. Diese Rechnung ging allerdings erst später auf.

Der Bau der Zentrale Altona wurde 1891 begonnen. Schon nach acht Monaten Bauzeit konnte sie in Betrieb genommen werden. Neben vielen technischen Neuerungen gelang es hier erstmals, die Rückwirkung von Schaltvorgängen und Kurzschlüssen im Verteilernetz auf Telefon- und Telegrafenverbindungen zu vermeiden.

Auch die Zentrale Düsseldorf wurde 1891 fertiggestellt. Für diese wurden erstmals zwei große 350-kW-Flachringmaschinen mit 3 m Durchmesser und gußeisernem Mantel verwendet. Die Zentrale stand 3 km außerhalb der Stadt. Im Versorgungsgebiet waren drei Akkumulatorstationen verteilt. Auf diese Weise wurden bei jedem Vorhaben verschiedene technische Neuerungen verwirklicht.

Der Bau immer weiterer Zentralen rückte das Problem, die Menge des erzeugten und gelieferten elektrischen Stroms zu messen, in den Vordergrund. Edison hatte schon 1880 einen elektrochemischen Elektrizitätszähler angegeben, der aber unpraktisch war. Einen elektrodynamischen Gleichstromzähler, der im Prinzip ein eisenfreier Gleichstrommotor mit Kommutator und einer Dämpfungseinrichtung war, hatten 1882 Ayrton und Perry erfunden. Dieser Zähler war aber wegen der unvermeidlichen Reibung verhältnismäßig ungenau. Georg Hummel, Schuckerts Chefelektriker, kompensierte den Fehler mit Hilfe der an die Netzspannung angeschlossenen „Hummel-Spule". Diese 1887 zum Patent angemeldete Idee führte zum Gleichstrom-Motorzähler „System Hummel", der auf der Frankfurter Ausstellung 1891 Aufsehen

Gleichstrom-Motorzähler „System Hummel" von Schuckert & Co. (rechts geöffnet)

erregte. Im Nürnberger Schuckert-Werk wurde der Zähler ab 1891 in rasch zunehmenden Stückzahlen fabrikmäßig hergestellt. Erstmals wurde er im Verteilernetz der Zentrale Altona eingesetzt. Das von Hummel privat angemeldete US-Patent erwarb die Firma Thomson-Houston.

Schuckerts Rückzug aus der Firmenleitung (1892)

Bisher hatte Sigmund Schuckert als „Primus inter pares" mit Wacker zusammen die Geschicke seiner Fabrik gelenkt und sich dabei bevorzugt auf die Weiterentwicklung der Elektrotechnik konzentriert, betriebswirtschaftliche Angelegenheiten aber Wakker überlassen. Es war für ihn selbstverständlich, sich selbst ein großes Arbeitspensum aufzubürden und sich nicht zu schonen. Ab 1891 aber begann ein nervöses Leiden ihn zu behindern. Er hatte zeitweise Schwierigkeiten beim Sprechen und Gehen. In seiner Fabrik verlor er allmählich die Übersicht, wurde reizbar und mißtrauisch. Überall witterte er sinnlose Materialverschwendung und konnte zornig werden, wenn er auf dem Fabrikhof auch nur eine verlorene Schraube fand.

Im Winter 1891/92 verschlechterte sich sein Gesundheitszustand so sehr, daß er sich mehr und mehr aus der Firmenleitung zurückziehen mußte. Er beschäftige sich, soweit es seine Gesundheit zuließ, fortan vornehmlich mit sozialpolitischen Fragen. Da er die Kranken und Alten befriedigend versorgt wußte, galt sein Interesse verstärkt der Aus- und Weiterbildung der Jugendlichen zu tüchtigen Facharbeitern. Vor allem aber machte er sich Sorgen wegen der schlechten Wohnverhältnisse und langen Anmarschwege seiner Arbeiter. Es war ihm bewußt, daß sie im alten Teil von Steinbühl, viele sogar in der Nürnberger Altstadt, eng und ungesund untergebracht waren und für den weiten Weg zur Fabrik, den sie viermal täglich gehen mußten, viel zuviel Zeit aufwenden mußten. Da es noch keine Werkskantine gab und eine solche wohl auch von den wenigsten akzeptiert worden wäre, gingen fast alle Arbeiter in der Mittagspause nach Hause und mußten sich dabei eilen, weil die Zeit knapp war. Ein alter Schukkerter, der es in seiner Jugend noch miterlebt hat, erzählte: „Gegen Ende der Mittagspause sorgten in Steinbühl die Mütter dafür, daß die Kinder nicht auf der Straße spielten, denn um diese Zeit kamen die ‚Schuckerter', die eiligen Schrittes der Fabrik

Der größte Scheinwerfer der Welt mit 1,50 m Spiegeldurchmesser, hergestellt von Schuckert & Co., auf dem Dach einer Ausstellungshalle in Chicago, 1893

zustrebten und sehr ungehalten werden konnten, wenn spielende Kinder ihnen in den Weg liefen."

Schuckert hatte sehr klare Vorstellungen, wie eine gesunde Wohnung auszusehen hatte – schon in seiner Jugend hatte er sich mit dieser Frage beschäftigt. Deshalb wollte er nun für seine Arbeiter in der Nähe der Fabrik Häuser bauen und ihnen dort geräumige, helle und luftige Wohnungen zu billiger Miete anbieten. Aber zur Ausführung kamen solche Pläne zunächst nicht, denn sein Gesundheitszustand verschlechterte sich im Lauf des Sommers 1892 so sehr, daß er sich von aller geschäftlichen Tätigkeit zurückziehen mußte.

Frau Sophie Schuckert versprach sich viel von dem heilsamen Klima ihrer Heimat, des Schwarzwaldes. Deshalb verbrachten beide die meiste Zeit im Kurhaus Sand nördlich der Hornisgrinde, nicht weit von Baden-Baden. Schuckert machte ausgedehnte Spaziergänge in der reinen Luft der Tannenwälder, aber die erhoffte Besserung seines Leidens trat nicht ein. 1893 gaben die Schuckerts endgültig ihren Wohnsitz in Nürnberg auf. Sie zogen nach Wiesbaden, wohnten dort zunächst in einem Hotel und kauften dann ein Haus in klimatisch günstiger Lage. Dort hat Schuckert zum ersten Mal in seinem Leben die Annehmlichkeit elektrischen Lichts in der eigenen Wohnung erfahren.

Im gleichen Jahr wurde Schuckert eine besondere Ehrung zuteil: Zusammen mit Siemens, Rathenau und von Miller war er eingeladen worden, der deutschen Jury der World's Columbian Exposition in Chicago anzugehören. Aber weder er noch Werner von Siemens konnten dieser Einladung noch Folge leisten. Schuckert mußte wegen seines Leidens verzichten, Siemens war inzwischen im Dezember 1892 verstorben.

Die Ausstellung in Chicago bescherte der Firma Schuckert große Erfolge. Auch hier war der größte Scheinwerfer der Welt mit 1,5 m Spiegeldurchmesser sowie mit einer Stromstärke von 150 A bei 60 V eine Sensation. Er war auf dem Dach einer Ausstellungshalle aufgestellt. Sein Licht konnte man nachts 135 km weit sehen. Noch in 16 km Entfernung genügte die Helligkeit des Strahls zum Zeitunglesen. Diesen Scheinwerfer kaufte nach Schließung der Ausstellung die Hafenverwaltung von New York. Er wurde auf dem Leuchtturm von Sandy Hook an der Hafeneinfahrt angebracht. Die Firma Schuckert hatte zu dieser Zeit ein unumstrittenes Weltmonopol für Scheinwerfer erreicht.

Neubauten in der Fabrik (1892/93)

Nach dem Ausscheiden Schuckerts aus der Firmenleitung hatte Wacker diese allein übernommen.

Ein schwerer Schlag für die Fabrik war, daß der erfindungsreiche Georg Hummel, Chefelektriker seit zehn Jahren, ebenfalls die Firma verließ. Er hatte ein besonders freundschaftliches Verhältnis zu Schuckert gehabt. Nach dessen Weggang hielt ihn nichts mehr in Nürnberg. 1893 ging er nach München und gründete dort eine eigene Zählerfabrik.

Im Geschäftsjahr 1891/92 war der Umsatz kräftig gestiegen, und die Ausführung neuer Aufträge stand bevor. Im Gelände der neuen Fabrik mußte gebaut werden, um die Nachfrage befriedigen zu können. 1892 entstand ein großes Werkstättenhaus für die Bogenlampen- und Scheinwerferfertigung an der Gugelstraße bis zur Ecke der Humboldtstraße. An die Maschinenbauhalle wurde ein flacher Shedbau angegliedert. An der Humboldtstraße entstand 1893 ein mehrstöckiges Haus, in dessen Erdgeschoß die Stanzerei für Ankerbleche untergebracht wurde. In den beiden Obergeschossen und im Dachgeschoß wurde die Fabrikation von Zählern und Meßinstrumenten eingerichtet, die bis dahin noch in der Schloßäckerstraße geblieben war.

In Aachen erstellte Schuckert eine Zentrale auf Rechnung der Stadt. Der Vertrag sah eine Verpachtung an die Firma Schuckert für 30 Jahre zu ungünstigen Bedingungen vor. Dies und die erheblichen Vorfinanzierungsleistungen belasteten die Firma schwer. Auch in Kristiania, dem heutigen Oslo, wurde eine Zentrale errichtet. Mit Rücksicht auf die lange Dauer der Winternächte mußte bei dieser der Maschinenteil im Verhältnis zu den Akkumulatoren leistungsfähiger gestaltet werden. Bei der Abnahme stellte die Prüfungskommission lobend einen bedeutend höheren elektrischen Wirkungsgrad fest als in den Vergabebedingungen verlangt worden war.

Alle Erfolge konnten nicht darüber hinwegtäuschen, daß die Konkurrenz in Deutschland stärker geworden war. Dies wirkte sich auf die Preise aus. Mehrere Firmen bewarben sich um Konzessionen zum Bau von Zentralen und Straßenbahnen, wobei sie sich gegenseitig unterboten in der Hoffnung, diese Beteiligungen nach kräftigen Gewinnen vorteilhaft verkaufen zu können. Dem stand aber eine deutliche Zurückhaltung bei den kommuna-

Die Fabrik an der Landgrabenstraße (1892). Rückansicht des Verwaltungsgebäudes und der Spiegelschleiferei. In Bildmitte die Maschinenhalle mit dem Sheddach-Anbau, links das Werkstättenhaus für die Bogenlampenfertigung.

len und sonstigen Kunden gegenüber. Diese Schwäche des Marktes wirkte sich ungünstig auf den Abschluß 1892/93 aus. Bei einem imponierenden Auftragsbestand von 25 Millionen Mark war mehr als ein Drittel des Kapitals von 8 Millionen Mark in zunächst noch ertragslosen Unternehmungen festgelegt. Der verbleibende Rest war für die Aufrechterhaltung und notwendige Erweiterung des Fabrikbetriebes zu knapp.

Gründung der Elektrizitäts-Aktiengesellschaft (1893)

Da an der Börse eine erwartungsvolle Stimmung für alle elektrotechnischen Unternehmungen herrschte und für die künftigen Aktivitäten der Firma eine breitere Finanzbasis gebraucht wurde, entschloß sich Wacker Ende 1892, die Elektrizitäts-Aktiengesellschaft vorm. Schuckert & Co. zu konstituieren. Mit einem Aktienkapital von 12 Millionen Mark trat diese mit Wirkung vom 1. April 1893 in die Pflichten und Rechte der Kommanditgesellschaft ein. Gründer waren neben Schuckert & Co. KG unter anderem Maffei, Felten & Guilleaume und ein Bankenkonsortium unter Führung des Schaaffhausenschen Bankvereins in Köln. Vorsitzender des Aufsichtsrats wurde Geheimrat v. Maffei, Generaldirektor des Vorstands Alexander Wacker.

Schuckert hatte formell einen Sitz im Aufsichtsrat, konnte aber wegen des Fortschreitens seiner Krankheit keinerlei Einfluß mehr nehmen. Die anfallende Korrespondenz erledigte seine Frau Sophie, er selbst unterschrieb nur, was ihm von Mal zu Mal schwerer fiel.

Die Gründung der Aktiengesellschaft verschaffte der Firma eine breitere Kapitalbasis und Rückhalt durch ein Konsortium, das allerdings nur aus einigen kleineren Banken bestand, denen insbesondere die für Auslandsgeschäfte nützlichen internationalen Beziehungen fehlten. Nach wie vor blieb ein unangemessen großer Teil des Aktienkapitals in Unternehmungen, Beteiligungen und Kautionen festgelegt. Diese Schwierigkeit blieb nicht verborgen, so daß schon 1893 die AEG ihre Fühler ausstreckte und sondierende Gespräche aufnahm, in der Absicht, die Firma Schuckert zu kaufen. Der Aufsichtsrat der Gesellschaft beschäftigte sich damit und ließ die AEG wissen, man sei bereit, die Schukkertschen Konzessionen und Beteiligungen abzugeben, die Fabrikation aber sei vom Verkauf ausgeschlossen. Daraufhin wurden die Gespräche abgebrochen.

Bereits vier Monate nach ihrer Gründung erhöhte die Elektrizitäts-AG ihr Kapital um 2 Millionen auf 14 Millionen Mark. Die neuen Aktien wurden bei einem Börsenkurs von 158 zu 140% angeboten. Das Angebot wurde 42fach überzeichnet, ein hoher Vertrauensbeweis für die junge Gesellschaft.

Erste Erfolge der Aktiengesellschaft (1893/94)

Der erste große Erfolg der Elektrizitäts-AG war noch im Gründungsjahr 1893 der Abschluß eines Vertrages mit dem Senat von Hamburg. Die Verhandlungen hatten sich lange hingezogen und waren durch Tricks seitens der Konkurrenz immer wieder verzögert worden. Wacker hatte die Verhandlungen selbst geführt und letzten Endes die besseren Karten in der Hand, weil durch die kleine Zentrale Hamburg-Poststraße und vor allem durch den Bau der Altonaer Zentrale Schuckertsche Zuverlässigkeit in Hamburg bereits bekannt war. Gegenstand des Vertrages war eine Konzession auf 30 Jahre für die Errichtung eines Elektrizitätswerks und des Verteilernetzes. Erstmals sollte dieses Werk Strom für Beleuchtungszwecke und für Straßenbahnbetrieb liefern. Von dieser Kombination erwartete man eine bessere Ausnutzung der Maschinen. Zum ersten Mal auch wurden als Generatoren keine Flachringmaschinen verwendet, sondern neu entwickelte Außenpolmaschinen (AF-Maschinen) von 400 und 800 kW Leistung.

Um das Kapital der Schuckert-Gesellschaft zu entlasten, wurde am 1. April 1894 die Hamburgische Electricitäts-Werke AG (HEW) mit 6 Millionen Mark Kapital gemeinsam von Schuckert und der Commerzbank gegründet. Die Elektrizitäts-AG besaß zwar eine starke Majorität, konnte sich aber nicht das Recht auf Stellung des Vorstands sichern.

Die finanzielle Entlastung durch die Gründung der HEW hielt nicht lange an. Auch die folgenden Unternehmungen konnten nicht ohne großen Kapitaleinsatz in Angriff genommen werden. Für Budapest wurde etwa 3,5 km außerhalb der Stadt ein Elektrizitätswerk gebaut, das Zweiphasen-Wechselspannung von 1900 Volt erzeugte. Der Strom wurde durch ein Kabel in die Stadt geführt, wo er in mehreren Akkumulatorstationen von rotierenden Umformern in niedergespannten Gleichstrom für das Verteilernetz umgewandelt wurde.

In diese Zeit fallen auch die ersten Aufträge über Straßenbahnen. Zwar war die AEG bisher führend auf diesem Sektor, weil sie bewährte amerikanische Patente benutzte. Doch konnte auch die Firma Schuckert durch eigene Neukonstruktionen überzeugen. Sie erhielt die Straßenbahnen in Zwickau und Baden bei Wien in Auftrag, beide jedoch nur in Form von Konzessionen. Die

Elektrizitäts-AG mußte die Bahnen einschließlich Stromversorgung und Schienennetz auf eigene Rechnung bauen und betreiben. Zunächst schienen diese Unternehmungen gute Renditen zu versprechen, bald aber stellte sich heraus, daß die Benutzerzahlen über- und die Instandhaltungskosten unterschätzt worden waren.

Die bedeutendsten Bahnaufträge wurden 1895 in Angriff genommen: das bergische Kleinbahnnetz (42 km) und die Schwebebahn im Wuppertal zwischen Elberfeld, Barmen und Vohwinkel (13 km). Bei letzterer wurde erstmals das Schwebebahnprinzip für eine Stadthochbahn angewandt. Den Auftrag erhielt die Elektrizitäts-AG in hartem Konkurrenzkampf.

Um die Gesellschaft endlich von der finanziellen Last der Unternehmungen auf eigene Rechnung zu befreien, wurde am 6. März 1895 die Continentale Gesellschaft für elektrische Unternehmungen AG mit dem Sitz in Nürnberg konstituiert. Gründer waren die Schuckert-Gesellschaft, der Schaaffhausensche Bankverein und die Bayerische Vereinsbank. Das Kapital betrug 16 Millionen Mark. Die Continentale übernahm die Beteiligungen der Elektrizitäts-AG an HEW, sowie an den Zentralen und Bahnen in Altona, Zwickau, Baden-Vöslau, Ulm, Stuttgart und anderen.

Schuckert stirbt in Wiesbaden (1895)

Sigmund Schuckerts glücklichste Zeit waren wohl die Jahre von 1880 bis 1885, als er seine kleine, noch von einem Mann überschaubare Fabrik aufblühen sah, seine Mitarbeiter und Kunden noch persönlich kannte und in Bescheidenheit Ehre und materiellen Wohlstand genießen konnte.

Als sich sein Werk immer weiter vergrößerte, konnte er nicht mehr jeden Mitarbeiter kennen. Er lieferte nun Maschinen und Geräte, die er nicht selbst geprüft hatte, an Kunden, die er noch nie gesehen hatte. Damit war der Handwerker, der er innerlich geblieben war, überfordert. Eine Weile noch konnte er sein Unbehagen über diese Situation unterdrücken, indem er sich in technische Spezialprobleme vertiefte und später den Bau der neuen Fabrik vorantrieb. Als diese große Aufgabe bewältigt und die neue Fabrik eingeweiht war, hätte er sich hauptsächlich nur noch Führungs- und Repräsentationsaufgaben zuwenden müssen. Dies aber lag ihm nicht, und so fehlten dem an rastlose Tätigkeit gewöhnten Mann seinen Fähigkeiten entsprechende Aufgaben.

Eine Nervenkrankheit, die er vielleicht schon lange in sich trug, gewann nun die Oberhand. Welcher Art sein Leiden war, ist nicht genau bekannt. Die Aussagen der Ärzte widersprechen sich, nachträgliche Spekulationen sind müßig. Über die Stationen des geistigen und körperlichen Verfalls während seiner letzten drei Lebensjahre ist nichts an die Öffentlichkeit gedrungen.

Am 17. September 1895 gegen Mittag verstarb Sigmund Schukkert in seinem Wiesbadener Haus, noch nicht ganz 49 Jahre alt. Zwei Tage später wurde er, seinem Wunsch entsprechend, in aller Stille auf dem Waldfriedhof „Unter den Eichen" in Wiesbaden bestattet. Pfarrer Veesemeyer beendete seine Grabrede mit den Worten: „Wahrlich, solch ein Mann ist eine seltene Erscheinung, wohl wert, daß man sie ehre und im Gedächtnis dankbar festhalte."

Das kurze Leben Sigmund Schuckerts, sein Weg vom Kind eines kleinen Handwerkers bis zum weltbekannten Fabrikanten, war eng verbunden mit den allerersten Anfängen wirtschaftlich genutzter Elektrotechnik bis hin zum Beginn einer flächendeckenden Elektrizitätsversorgung und allgemeiner Anwendung der Starkstromtechnik im 19. Jahrhundert. Er war Zeuge und Mitgestalter des technischen und wirtschaftlichen Aufstiegs in einer bewegten Zeit. Das Besondere an diesem Manne war, daß er, im Gegensatz zu den meisten seiner Zeitgenossen, den Verlokkungen des gewonnenen Reichtums widerstand, bescheiden blieb in der Tradition des Handwerks. Sein Bild gehört in die stolze Ahnengalerie bedeutender Nürnberger Handwerker, Erfinder und Unternehmer.

Damit wäre die Lebensgeschichte Sigmund Schuckerts eigentlich zu Ende erzählt. Aber ein Leben, das wie seines so viel in Bewegung gebracht hat, wirkt über den Tod hinaus. Er hatte seiner Fabrik die Impulse gegeben, er hatte für Jahre, vielleicht für Jahrzehnte Richtung und Schwung bestimmt, Weichen im sozialpolitischen Bereich gestellt. Sein Verhaltenskodex bestimmte die Geschicke seines Werkes auch weiterhin. Der Nachfolger, Alexander Wacker, machte Schuckerts Tugenden zu seinen eigenen. Die Prinzipien, die zu den soliden Erfolgen der Firma in den zurückliegnden Jahren geführt hatten, multiplizierte er mit seinem kaufmännischen Sachverstand und unternehmerischen Wagemut. Betrachtet man die weitere Entwicklung der Firma nach Schuckerts Tod, so sieht man die Keime, die Schuckert gepflanzt und gehegt hatte, mächtig weiterwachsen.

Schuckerts Erbe

Schuckerts Vermächtnis: Soziale Einrichtungen

Frau Sophie Schuckert hat ihren Mann um 51 Jahre überlebt. Einen Teil des großen Vermögens, das er ihr hinterlassen hatte, verwendete sie, um mit Wacker zusammen die sozialen Einrichtungen zu verwirklichen, die ihr Mann geplant hatte. Schon bald nach Schuckerts Tod wurde die Konsumanstalt gegründet, ein Laden in Fabriknähe, wo Angestellte und Arbeiter der Firma günstig einkaufen konnten. Im nächsten Jahr, 1896, genehmigte die Regierung die schon 1890 geplanten Pensionskassen für Arbeiter und Angestellte. Frau Schuckert stiftete dafür 300000 Mark, Wacker die gleiche Summe und die Firmenleitung weitere 200000 Mark.

Zum Andenken an Schuckerts 50. Geburtstag, am 18. Oktober 1896, stiftete Frau Schuckert nochmals 300000 Mark und ermöglichte damit die Eröffnung der Schuckert-Werkschulen. Diese umfaßten drei vorbildliche Einrichtungen: Die gewerbliche Fortbildungsschule für Lehrlinge der Fabrik, die als einzige private Berufsschule Frankens bis 1976 bestanden hat, ein Knabenhort für schulpflichtige Söhne und eine Haushaltungsschule für konfirmierte Töchter von Arbeitern und Angestellten.

Schließlich half Wacker bei der Verwirklichung des letzten Anliegens des verstorbenen Firmengründers: Durch Rat und finanzielle Stützung ermöglichte er 1896 die Gründung des Bauvereins Schuckertscher Arbeiter, der in den nächsten Jahren zahlreiche Häuser mit 3- und 4-Zimmer-Wohnungen in einer für die damalige Zeit vorbildlichen Ausstattung baute und um etwa 30% unter der damals üblichen Miete vergab. Die Wohnungsgenossenschaft Sigmund Schuckert besteht noch heute.

Bevor Frau Schuckert 1946 starb, erfüllte sie den letzten Willen ihres Mannes, der gewünscht hatte, daß das in Nürnberg erworbene Vermögen dorthin zurückkehren und wohltätigen Zwecken dienen sollte. Sie vermachte das gesamte Vermögen nach Abzug einiger kleiner Legate der Stadt Nürnberg als „Sigmund-Schukkert-Stiftung" mit der Auflage, aus den Erträgen Ausbildungsbeihilfen an junge evangelische Nürnberger, bevorzugt an Töchter und Söhne von Mitarbeitern der ehemaligen Schuckert-Werke, zu zahlen.

Großer Aufschwung bis zur Jahrhundertwende (1895–1900)

Als Schuckert starb, war der jahrelang nur zögernd anlaufende Prozeß der Elektrifizierung in Europa erst richtig in Schwung gekommen. Die Fabrik war mit der Vorbereitung und Ausführung vieler bedeutender Aufträge mehr als voll beschäftigt. In den meisten Werkstätten mußte Schichtbetrieb eingeführt werden. Straßenbahnanlagen waren in Prag, Toulon, Czernowitz, Reichenberg, Turin und Krakau zu bauen. Bei Düsseldorf entstand das bergische Kleinbahnnetz von 42 km Länge.

Zu dieser Zeit hatte die Fabrik 2700 „Beamte" und Arbeiter. Um dem laufenden und langfristig zu erwartenden Platzbedarf gerecht werden zu können, wurde 1895 das Werksgelände des heutigen Zählerwerks durch Zukauf des noch freien Geländes von 7400 m^2 bis zur Tafelfeldstraße vergrößert. Die Maschinenhalle erhielt einen großen Anbau, in den auch die Generatoren einer neuen Gleichstromzentrale integriert wurden. Auf dem neuen Gelände an der Ecke Landgraben-/Tafelfeldstraße entstand ein zweites Verwaltungsgebäude und dahinter die Packerei. In einem langen Bau an der Front zur Tafelfeldstraße wurde die Fabrikation von Schaltgeräten untergebracht.

Schließlich wurde an der Humboldtstraße ein zusätzlicher Bau für die Zählerfertigung errichtet, denn das Entstehen von immer mehr und auch größeren Wechselstromnetzen machte es nötig, die Herstellung von Wechselstromzählern aufzunehmen. Gefertigt wurden Induktionszähler nach dem von Ferraris 1885 angegebenen Prinzip und den Patenten von C. Raab.

Noch im gleichen Jahr kaufte die Firma auch noch ein 50000 m^2 großes Gelände jenseits der Gugel- und Humboldtstraße hinzu. Es wurde im Lauf der nächsten drei Jahre bebaut. In dieser kurzen Zeitspanne entstand ein großer Teil der Gebäude, die dann gegen Ende des Zweiten Weltkriegs mehr oder weniger zerstört und inzwischen durch neue ersetzt worden sind. Werk-

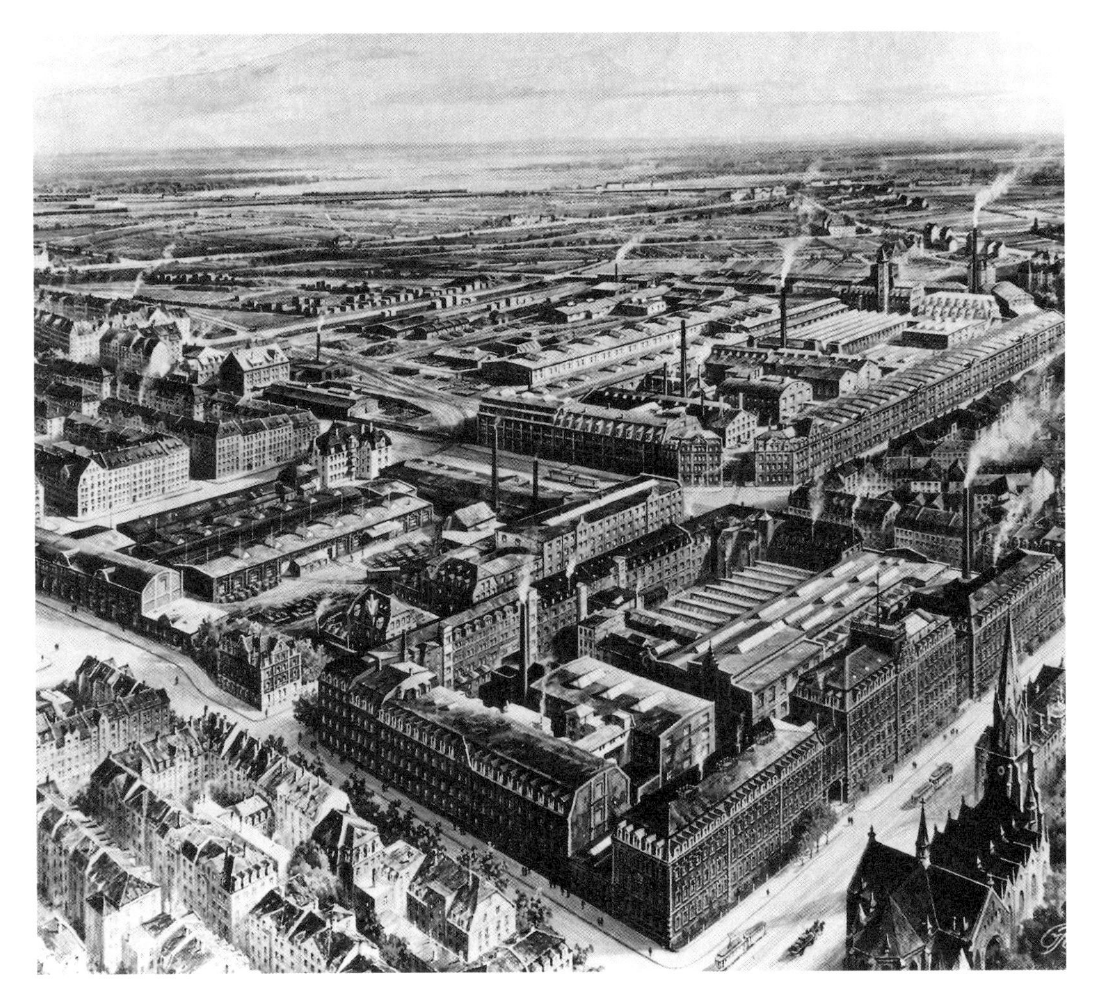

Fabrikanlagen der Elektrizitäts-AG vorm. Schuckert & Co. an der Landgraben-, Gugel- und Humboldtstraße (um 1900)

stätten für Bahnen, Motoren, Apparate und Scheinwerfer wurden ergänzt durch Gießerei, Glüherei, Schmiede und Schreinerei. Die lange Front an der Humboldtstraße wurde mit einer Halle für Wechselstrommaschinen bebaut, die noch heute steht. Eine neue Dampfzentrale für Gleich- und Wechselstrom diente im Verbund mit den beiden älteren Zentralen der Stromversorgung der ganzen Fabrik mit ihren vielen Antriebsmotoren und Beleuchtungsanlagen. Auch lieferten die Zentralen Dampf für die Beheizung der Hallen, Werkstätten und Büros. Schließlich wurde das Gebäude der 1888 errichteten Schleiferei an der Landgrabenstraße in ein drittes Verwaltungsgebäude umgebaut. Hier erhielt die neu gegründete „Continentale“ ein Stockwerk.

Im Zuge dieser umfangreichen Baumaßnahmen wurden nun auch die letzten noch im alten Werk verbliebenen Fertigungswerkstätten in die neue Fabrik überführt. In den frei gewordenen Gebäuden an der Schloßäckerstraße sind dann nach entsprechendem Umbau die Wohlfahrtseinrichtungen und die Werkschulen untergebracht worden.

In dem neuen Gelände, an der Ecke Gugel-/Humboldtstraße, wurde als Kopfbau der Wechselstromhalle ein Laborgebäude errichtet, da Laboratoriumsarbeit immer größere Bedeutung erlangte. Im Mittelpunkt des Interesses stand die Entwicklung elektrochemischer Verfahren. Es war Wacker, der diesen neuen Zweig besonders pflegte. In dem Labor wurden Verfahren vor allem zur elektrochemischen Herstellung von Karbid, Aluminium und Wasserstoff entwickelt und erprobt.

Die Schuckert-Gesellschaft gründete in der zweiten Hälfte der neunziger Jahre zahlreiche elektrochemische Werke, fast immer verbunden mit der Nutzung eines Wasserkraftvorkommens, im Inland (Bitterfeld, Griesheim, Westeregeln) und im europäischen Ausland (Norwegen, Frankreich, Spanien, Italien, Schweiz und im damals österreichischen Bosnien). Besondere Bedeutung hatte die Gründung Hafslund in Norwegen: Hier wurde ein Wasserfall gekauft, dessen enorme Kraft zur Stromerzeugung für eine Karbidfabrik genutzt wurde. Ebenfalls mit der Nutzung eines Wasserkraftvorkommens war die in Jajce in Bosnien geplante Karbidfabrik verbunden.

Die meisten elektrochemischen Werke, die nach Patenten der Schuckert-Gesellschaft arbeiteten, verursachten in der Anfangsphase Sorgen, weil ihre Ausbeute beträchtlich hinter den theoretischen Voraussagen zurückblieb.

In der Lombardei wurde die Società Lombarda per Distribuzione di Energia Elettrica gegründet, die im Tessin aus Wasserkraft Strom erzeugen und über eine 11-kV-Freileitung in die Industrieregion nördlich von Mailand leiten sollte. Dies war ein gewagtes Unternehmen. Die Industriellen der Region waren zwar alle interessiert, aber keiner wollte im voraus Stromabnahmeverträge abschließen, geschweige denn sich an den Baukosten beteiligen. Diese riskante Gründung der Elektrizitäts-AG vorm. Schukkert & Co und der Continentalen wurde später eines der bedeutendsten Energieversorgungsunternehmen Italiens. Aber zunächst war ein hohes Startkapital erforderlich.

Auch in Florenz wurde eine Aktiengesellschaft zur Elektrifizierung der Toscana gegründet. Es gelang nicht, die Aktien dieser Gesellschaft an der Mailänder Börse unterzubringen, weil dem Schuckertschen Bankenkonsortium internationale Beziehungen fehlten. Zur gleichen Zeit aber konnte die AEG die Aktien der von ihr in Genua gegründeten Gesellschaft mühelos an der Börse placieren, weil hinter ihr die Berliner Großbanken mit ihren weitreichenden Geschäftsverbindungen standen.

Wacker sah ein, daß man ein Bein in Berlin haben mußte, um solche Schwierigkeiten zu überwinden. 1897 kaufte er deshalb die Maschinenfabrik der Gebr. Naglo in Berlin-Treptow und richtete hier das „Berliner Werk" ein, das mechanische Teile und kleine Dynamomaschinen fertigte. Die an diese Investition geknüpften Erwartungen erfüllten sich aber nicht.

Um das Auslandsgeschäft zu fördern, wurden in mehreren Ländern Tochtergesellschaften gegründet. Die österreichische Schuckert-Gesellschaft wurde nach und nach zu einer bedeutenden Fertigungsstätte, doch die französische Tochter kümmerte dahin, und die britische Schuckert Electric Corp. nahm eine Fertigung gar nicht erst auf. Besser florierte die russische Schuckert-Gesellschaft. Sie brachte der Firma attraktive Aufträge.

Turbulenzen und Konsolidierung (1898–1902)

Das 25jährige Jubiläum der Firma Schuckert – gerechnet vom ersten Anfang in der Schwabenmühle 1873 an – fand 1898 statt. Aus diesem Anlaß wurde eine repräsentative Festschrift herausgegeben, in der die Bedeutung der Firma und die imponierende Ausdehnung des Nürnberger Werks überzeugend dargelegt wurde. Nicht erwähnt wurde die chronische Finanznot, in der sich die Gesellschaft befand. Auch die inzwischen gegründeten Finanzgesellschaften, die Rheinische Schuckert-Gesellschaft in Mannheim und die Elektra AG in Dresden, konnten keine nachhaltige Entlastung bringen.

Ursache dieser Schwierigkeiten waren nicht Leichtfertigkeit oder Fehlkalkulationen. Ganz allgemein fehlte eben noch die Erfahrung auf dem neuen Gebiet der Elektrifizierung in großem Stil. Das Hindernis, gegen das man bei Schuckert mehr anzukämpfen hatte als bei Konkurrenzfirmen, war immer das Mißverhältnis zwischen der enormen Leistungsfähigkeit der Fabrikation und der Kurzatmigkeit der Finanzierungsmöglichkeiten.

Ende 1898 versuchte das Aufsichtsratmitglied Schroeder, Direktor des Schaaffhausenschen Bankvereins, eine Vereinigung der Elektrizitäts-AG mit der Berliner Union-Elektricitäts-Gesellschaft herbeizuführen. Ein entsprechender Vertragsentwurf wurde vom Aufsichtsrat gebilligt, jedoch war das Gremium bei der Abstimmung nicht vollzählig, Geheimrat Maffei fehlte. Dieser trat unter Protest zurück. An der Börse erlitten die Schuckert-Aktien daraufhin einen Kursverfall. Deshalb wurde der Beschluß des Aufsichtsrats umgestoßen und dies etwas fadenscheinig mit Unklarheiten im Vertragstext begründet. Maffei übernahm wieder den Vorsitz im Aufsichtsrat. Der Schaaffhausensche Bankverein schied aus dem Konsortium aus. Dessen Führung übernahm nun die Bayerische Vereinsbank. Auch die Bayerische Hypotheken- und Wechselbank trat dem Konsortium bei, jedoch gelang es nicht, eine auch im europäischen Ausland einflußreiche Bank zu gewinnen.

Vorübergehend gelangte nun die Schuckert-Gesellschaft wieder in ein ruhigeres Fahrwasser. Der Abschluß 1898/99 war günstig. Die Gesellschaft erhöhte darauf durch Übernahme der Continentale-Aktien ihr Kapital auf 42 Millionen Mark und kam damit in die Größenordnung von Siemens & Halske (45 Millionen) und AEG (60 Millionen). 1900 hatte die Firma etwa 8500 Mitarbeiter, 36 Zweigniederlassungen in Deutschland und Vertretungen in fast allen Ländern der Welt, neuerdings auch in Südamerika und Ostasien. Ein imponierender Auftragsbestand lag vor: Straßenbahnen in Hamburg, Jekaterinoslaw, Witebsk, Livorno, Remscheid, Kristiania und München. Inzwischen waren bereits 760 km Straßenbahn in 50 Städten gebaut und mit über 1100 Motorwagen ausgestattet worden. Zentralen wurden in Nürnberg, München, Barcelona, Mailand, Brünn, Hanau, Mainz und Kassel gebaut, Erweiterungen waren in Aachen, Budapest, Düsseldorf, Kristiania und Hannover durchzuführen. Auf dem Gebiet des Zentralenbaus war die Schuckert-Gesellschaft führend auf dem Kontinent. In den zurückliegenden elf Jahren hatte die Firma 120 Zentralen gebaut, mehr als Siemens und AEG zusammen.

Auch auf dem Sektor Beleuchtungsanlagen kamen große Aufträge. München erhielt die größte Straßenbeleuchtungsanlage Deutschlands. Viele Bahnhöfe waren zu beleuchten. Am spektakulärsten war der Auftrag übe eine Beleuchtungsanlage für den Kreml in Moskau. Die Schuckertsche Fabrik arbeitete auf Hochtouren, um allen Aufträgen gerecht werden zu können.

Der riesige Auftragsbestand, der hier etwas ausführlicher geschildert wurde, änderte nichts an der Tatsache, daß die Situation höchst bedenklich war: Einem Aktienkapital von 42 Millionen Mark stand ein Betrag von 41 Millionen Mark gegenüber, der in Beteiligungen und Unternehmungen in eigener Verwaltung festgelegt war.

1901 setzte eine allgemeine Wirtschaftskrise ein, von der die Schuckert-Gesellschaft härter getroffen wurde als andere Großfirmen, weil ihr die Rückendeckung von großen Banken fehlte. In diese schlechte Zeit platzte im Januar 1901 der völlig überraschende Zusammenbruch der Leipziger Bank. Mit dieser hatte die Schuckert-Gesellschaft an sich nicht viel zu tun – nur auf einem Gebiet: Die Leipziger Bank hielt einen Teil der Aktien des Schuckert-Projekts der Karbidfabrik Jajce in Bosnien, deren Bau noch nicht abgeschlossen war. Man hatte sich mit der Bauzeit und den Kosten der Wasserkrafterschließung gehörig verschätzt, und die Elektrizitäts-AG hatte Garantien übernommen. Von einem Tag auf den anderen mußte die Schuckert-Gesellschaft Jajce-

Aktien im Werte von 4,2 Millionen Mark übernehmen. Das brachte die Gesellschaft in Schwierigkeiten. Wacker schlug in der Generalversammlung vor, vorübergehend auf die Ausschüttung einer Dividende zu verzichten. Darauf setzte eine scharfe Zeitungspolemik ein. Die Presse schoß sich auf Wacker ein und krallte sich an dem an sich gesunden Jajce-Projekt fest. Die Schuckert-Aktie sank unter pari. Um den Zankapfel Jajce aus dem Verkehr zu ziehen, kaufte ein Konsortium alle Jajce-Aktien für 6,1 Millionen Mark auf. Hinter dem Konsortium standen nur Wacker und Maffei mit ihren Privatvermögen. Diesen Schritt, den vor allem Maffei nur mit größten Bedenken gewagt hatte, mußten beide nicht bereuen: Jajce wurde bald ein glänzendes Unternehmen und brachte eine stolze Rendite.

Wacker tat noch ein übriges: Da er persönlich stark angefeindet worden war, trat er von seinem Posten als Generaldirektor des Vorstands zurück, verzichtete auf seine Tantiemen und wurde Mitglied, später Vorsitzender des Aufsichtsrats.

Inzwischen hatten wieder Verhandlungen mit der AEG begonnen. Die Schuckertschen Hausbanken wurden nervös und drängten auf den Verkauf von Unternehmungen, um den Schuldenberg abzubauen. Da in der ungünstigen Wirtschaftslage nur die allerbesten Beteiligungen verkäuflich waren, wurden überstürzt die Società Lombarda und die Société Anversoise d'Electricité mit ihrer Beteiligung an der Antwerpener Zentrale veräußert. Der Gewinn war niedrig und entlastete die Gesellschaft kaum. So fiel die Bilanz zum 31. März 1902 ungünstig aus. Wegen der Wirtschaftskrise war der Umsatz um 33% gesunken und man hatte Entlassungen vornehmen müssen. Dieses pessimistische Bild veranlaßte die AEG, die Übernahmeverhandlungen abzubrechen.

Um die angeschlagene Gesellschaft wieder auf festere Füße zu stellen, sicherte das Bankenkonsortium die unbedingt erforderlichen Mittel durch einen unkündbaren Kreditvertrag über 30 Millionen Mark. Danach war die Talsohle durchschritten. Nach einigen personellen Änderungen im Vorstand konnte nun ruhig und zuversichtlich weitergearbeitet werden.

Gründung der Siemens-Schuckertwerke GmbH (1903)

Nach dreivierteljährigen ergebnislosen Verhandlungen mit der Schuckert-Gesellschaft hatte sich die AEG mit der Union-Elektricitäts-Gesellschaft zusammengetan. Nun war es fast zwangsläufig, daß die beiden anderen großen Elektrofirmen, Siemens und Schuckert, einander näherkamen. Siemens hätte für eine weitere Ausweitung des Starkstromgeschäfts eine neue Fabrik bauen müssen, und bei Schuckert waren moderne, leistungsfähige Fabrikanlagen vorhanden. Ab 14. Januar 1903 fanden Besprechungen zwischen von Rieppel als Vertreter der Schuckert-Gesellschaft und der Deutschen Bank als Vertreter der Interessen von Siemens & Halske statt, in die sich später auch Wilhelm von Siemens einschaltete. Schon drei Wochen später war ein Vertrag zustande gekommen, der am 9. Februar von den Aufsichtsräten beider Gesellschaften ratifiziert wurde. Am 9. März wurde in einer außerordentlichen Generalversammlung die Siemens-Schuckertwerke GmbH mit dem Sitz in Berlin und einer Zweigniederlassung in Nürnberg gegründet.

Am Kapital von 90 Millionen Mark waren die beiden Muttergesellschaften, Siemens & Halske AG und die weiterbestehende Elektrizitäts-Aktiengesellschaft vorm. Schuckert & Co. zu fast gleichen Teilen – Siemens mit 100000 Mark mehr – beteiligt. Der Reingewinn wurde nach einem komplizierten Schlüssel so verteilt, daß Siemens & Halske etwa 55% und die Elektrizitäts-AG vorm. Schuckert & Co. etwa 45% erhielt. Während einer fünfjährigen Übergangsphase blieb der Schuckert-Anteil niedriger.

Schuckert brachte in die neue Gesellschaft die Fabrikationsstätten in Nürnberg ohne das alte Werk in der Schloßäckerstraße (in dem nicht mehr produziert wurde) sowie alle Zweigniederlassungen und Technischen Büros ein, jedoch nicht das Berliner Werk und die elektrochemische Abteilung. Von Siemens kam das Charlottenburger Werk, das Kabelwerk, die Messinggießerei und die Abteilung für Beleuchtung und Kraft sowie die für elektrische Bahnen mit sämtlichen Technischen Büros hinzu. Die Zählerfertigung von Siemens & Halske wurde nach Nürnberg, die Meßinstrumentefertigung von Schuckert nach Berlin verlagert.

Dieser Vertrag war sicherlich nicht optimal für die Schuckert-Gesellschaft. Ausschlaggebend aber war der gesicherte Fortbestand der Schuckertschen Fabrik und die Schaffung einer starkstromtechnischen Organisation von weltweiter Bedeutung.

Die Elektrizitäts-AG blieb bis 1939 bestehen und behielt zusammen mit der Continentalen weiterhin alle Unternehmungen und Beteiligungen. Ihr Arbeitsgebiet blieb die Planung und Verwaltung von Straßenbahnen und in zunehmendem Maß von Überlandzentralen. Die vorhandenen Unternehmungen wurden ausgebaut, neue kamen hinzu, wobei die Bauaufträge in der Regel den Siemens-Schuckertwerken zugingen.

Aus der elektrochemischen Abteilung von Schuckert, die nicht in die Siemens-Schuckertwerke übernommen worden war, entstand 1903 als Gründung Wackers das „Consortium für elektrochemische Industrie“ und 1914 die „Wacker-Chemie“ in Burghausen.

Dem Gründer der Schuckert-Werke, Sigmund Schuckert, ist es erspart geblieben, das Jahrzehnt der Turbulenzen von 1893 bis 1903 zu erleben, in dem die von ihm aufgebaute moderne und kerngesunde elektrotechnische Fertigung zwar mächtig expandierte, aber immer wieder durch die schwer kalkulierbaren Risiken der Unternehmungen in eigener Verantwortung gefährdet war. Mit der Trennung von Fabrikation und Beteiligungen, wie sie durch die Gründung der Siemens-Schuckertwerke 1903 stattgefunden hat, wäre er sicher sehr einverstanden gewesen.

Anhang

Zeittafel 1846 bis 1903

1846	Am 18.10. Johann Sigmund Schuckert in Nürnberg geboren.
1853	Besuch der Schule zu St. Lorenz in Nürnberg.
1860	Feinmechanikerlehre in der Mechanikerwerkstatt von Friedrich Heller in Nürnberg.
1864	Wanderjahre (Stuttgart–Hannover–Hamburg–Berlin). Heimkehr nach Nürnberg unmittelbar nach dem Ende des Deutschen Krieges.
1866	Werkführer im mechanisch-optischen Geschäft von Albert Krage in Nürnberg.
1869	Aufenthalt in den USA, ursprünglich mit der Absicht endgültiger Auswanderung. Arbeit in New York, Baltimore, Cincinnati, Newark und wieder in New York.
1873	Im Mai Europareise. Besuch der Weltausstellung in Wien. Dort erste Bekanntschaft mit Dynamomaschinen (von Gramme, Paris).
1873	Schuckert beschließt, in Nürnberg zu bleiben und gründet am 17.8. eine eigene kleine Mechanikerwerkstatt in der „Schwabenmühle" in Nürnberg. Ausführung von Reparaturen.
1873	Im Herbst Bau einer ersten Versuchs-Dynamomaschine mit Antrieb durch Kurbel.
1874	Im Januar Lieferung der ersten Dynamomaschine für Galvanoplastik an die Nürnberger Firma Wellhöfer. Diese Maschine war 18 Jahre ohne nennenswerte Störung in Betrieb.
1874	Am 20.7. Erteilung eines Kgl. Bayerischen Gewerbeprivilegs für eine wesentliche Verbesserung der Dynamomaschine.
1876	Schuckert entwickelt die Flachring-Dynamomaschine, eine über Jahre gebaute äußerst erfolgreiche Konstruktion.
1876	König-Ludwig-Preis (50000 Mark) für die Flachringmaschine.
1876	Am 29.11. Beleuchtungsversuche mit elektrischen Bogenlampen in der Nürnberger Kaiserstraße.
1877	Erste elektrische „Kraftübertragungen" von Schuckert in der Schwabenmühle.
1877	Schuckert erhält den Ehrenpreis der Nürnberger Ausstellung der vervielfältigenden Künste für eine Anlage zur galvanischen Klischeeherstellung.

1877 Bekanntschaft mit Alexander Wacker. Dieser übernimmt die Vertretung Schuckertscher Maschinen in Leipzig.
1878 Installation der ersten bleibenden elektrischen Beleuchtung Bayerns im Schloß Linderhof mit drei Bogenlampen nach Dornfeld und drei Flachringmaschinen.
1879 Umzug der Werkstatt Schuckerts in angemietete Räume der Meßthalerschen Maschinenfabrik in Nürnberg-Steinbühl, Schloßäckerstraße 41.
1879 Am 8.7. Eintragung der Firma S. Schuckert in das Handelsregister der Stadt Nürnberg. Wacker in Leipzig übernimmt die Generalvertretung Schuckerts für Nord- und Mitteldeutschland.
1880 Aufnahme der Fertigung von Differential-Bogenlampen nach Piette und Křižík.
1881 Internationale Elektrizitätsausstellung Paris: Goldmedaille für die Differential-Bogenlampe, Silbermedaille für den schwingungsarm aufgehängten Lokomotivscheinwerfer.
1882 Erste fest installierte Straßenbeleuchtung Deutschlands mit elektrischen Bogenlampen von Schuckert in der Nürnberger Kaiserstraße eingerichtet. Drei Bogenlampen ersetzen 35 Gaslaternen.
1882 Industrieausstellung in Nürnberg: Schuckert beleuchtet Innenräume mit Edison-Glühlampen und den Park mit 24 Bogenlampen. Eine elektrisch angetriebene Rotationspresse druckt die Ausstellungszeitung. Goldmedaille für Schuckert.
1882 Internationale Elektrizitätsausstellung München: Mit dem Strom eines Generators in Hirschau, über eine 5 km lange Freileitung herangeführt, beleuchtet Schuckert den Glaspalast, betreibt zahlreiche Scheinwerfer, die Maschinen einer Mechanikerwerkstatt und zwei Dreschmaschinen. Schuckert erhält zahlreiche Aufträge, darunter auch aus China.
1883 Neubauten in der Fabrik in der Schloßäckerstraße: Verwaltungsgebäude, Fabrikhallen. Bau einer eigenen Kraftanlage. Fabrikorganisation durch technischen Leiter Ferdinand Decker.
1883 Am 1.5. Gründung der Schuckertschen Fabrikkrankenkasse.
1884 Beginn der Serienproduktion von elektrischen Meßinstrumenten.
1884 Am 1.4. wird Alexander Wacker aus Leipzig kaufmännischer Leiter.
1884 Schuckert konstruiert nach Berechnungen von Prof. Munker aus Nürnberg eine Maschine zum Schleifen großer Parabolspiegel aus Glas (patentiert 1885).
1885 Am 12.5. heiratet Schuckert Marie Sophie Giesin in der evangelischen Kirche Nürnberg-Wöhrd.
1885 Am 31.8. wird Schuckert zum Kommerzienrat ernannt.
1885 Am 31.12. wird Wacker Teilhaber. Umbenennung der Firma in Schuckert & Co. OHG.

1885 Errichtung von Zweigniederlassungen in Leipzig, München, Köln, Breslau, Hamburg und von Technischen Büros in zwölf weiteren deutschen Städten (bis 1888).

1886 Erster Schuckertscher Scheinwerfer mit Parabolspiegel auf S.M. Aviso Greif.

1886 Erste von Schuckert gebaute elektrische Personenbahn von Schwabing zum Ungererbad.

1887 Beginn des Baus elektrischer Zentralen. Die ersten in Lübeck und im Freihafen Hamburg.

1887 Schuckerts Chefelektriker G. Hummel erfindet den ersten genau anzeigenden Gleichstrom-Motorzähler.

1888 Errichtung eines Werkstatthauses für die Parabolspiegel-Schleiferei und einer kleinen Dampfzentrale an der Ecke Landgrabenstraße/Gugelstraße.

1888 Zu Schuckerts Lebzeiten einziger Streik in der Fabrik.

1888 Am 3.11. Offene Handelsgesellschaft in Kommanditgesellschaft mit 8 Millionen Mark umgewandelt.

1889 Am 1.5. Einführung des Zehnstundentags in der Schuckertschen Fabrik.

1889 An der projektierten Landgrabenstraße am Südrand der Stadt kauft Schuckert ein 15000 m² großes Wiesengelände; Baubeginn einer neuen Fabrik.

1890 Im Februar Gründung eines Unterstützungsfonds von 100000 Mark durch Schuckert als Übergangsmaßnahme bis zur Genehmigung der geplanten fabrikeigenen Pensionskasse.

1890 Am 7.6. Einweihung der neuen Fabrik an der Landgrabenstraße. Neben der schon früher errichteten Schleiferei stehen zu diesem Zeitpunkt schon Verwaltungsgebäude und eine Halle für den Maschinenbau.

1891 Ein Nervenleiden beginnt Schuckert zeitweise beim Sprechen und Gehen zu behindern.

1891 Elektrotechnische Ausstellung Frankfurt a.M.: Schuckert zeigt Gleichstromzentralen, Wechselstromübertragung, Zähler, Straßenbahn, Bühnentechnik, elektrische Antriebe für Werkzeugmaschinen und den größten Scheinwerfer der Welt.

1892 Im Sommer zieht sich Schuckert wegen seiner Krankheit aus dem Geschäft zurück. Er beschäftigt sich nur noch mit der Planung sozialer Einrichtungen.

1893 Am 1.4. Elektrizitäts-Aktiengesellschaft vorm. Schuckert & Co. (EAG) mit 12 Millionen Mark Aktienkapital gegründet. Wacker Vorsitzender des Vorstands, v. Maffei Aufsichtsratvorsitzender. Schuckert hat nur formell Sitz im Aufsichtsrat.

1893 Weltausstellung in Chicago: Große Erfolge der Firma Schuckert. Größter Scheinwerfer erregt Aufsehen. Wegen seines Leidens kann Schuckert nicht teilnehmen.

1893 Schuckert verlegt seinen Wohnsitz nach Wiesbaden.

1893 Bau des Elektrizitätswerks in Hamburg.

1894 Hamburgische Electricitäts-Werke AG (HEW) von Schuckert und Commerzbank gegründet.

1894 Erste Aufträge zum Bau von Straßenbahnen.

1895 Am 6.3. Continentale Gesellschaft für elektrische Unternehmungen AG in Nürnberg mit 16 Millionen Mark Kapital von Schuckert und der Bayerischen Vereinsbank gegründet.

1895 Wichtige Bahnaufträge: Bergisches Kleinbahnnetz (42 km), Schwebebahn im Wuppertal (13 km) und zahlreiche Straßenbahnen.

1895 Am 17.9. stirbt Schuckert in Wiesbaden.

1895 Zukauf eines 50000 m^2 großen Geländes zwischen Gugel- und Humboldtstraße (heutiges NMA). Bis 1899: Bebauung mit Werkstätten für Bahnen, Motoren, Apparate, Scheinwerfer, Wechselstrommaschinen, ferner Gießerei, Schmiede, Glüherei, Schreinerei und einer großen Zentrale für Gleich- und Wechselstrom.

1896 Am 1.7. Pensionskassen gegründet, ermöglicht durch Stiftungen von Marie Sophie Schuckert und Alexander Wacker.

1896 Zu Schuckerts 50. Geburtstag am 18.10.: Stiftung der Witwe Schuckerts für geplante Werkschulen.

1896 Gründung des Bauvereins Schuckertscher Arbeiter.

1897 Berliner Schuckert-Werk eröffnet (ehemalige Fabrik der Gebr. Naglo).

1897 Fortbildungsschule für Lehrlinge, Knabenhort und Haushaltungsschule eröffnet.

1898 25jähriges Jubiläum der Firma. Hohe Verschuldung durch ertragsarme Unternehmungen.

1899 Zahlreiche Aufträge über Straßenbahnen und Zentralen.

1900 Größte Ausdehnung der Firma Schuckert: 8492 Mitarbeiter, 77 Millionen Mark Umsatz, Aktienkapital 42 Millionen Mark, aber 41 Millionen Mark in Unternehmungen und Beteiligungen festgelegt.

1901 Wirtschaftskrise. 33% Umsatzrückgang. Finanzielle Schwierigkeiten durch Bankenzusammenbruch. Verzicht auf Dividendenzahlung. Pressekampagne, Kurssturz an der Börse.

1902 Am 1.4. legt Wacker Vorstandsvorsitz nieder und wird wenig später in den Aufsichtsrat gewählt.

1903 Am 14.1. Beginn von Verhandlungen mit Siemens & Halske.

1903 Am 9.3. Gründung der Siemens-Schuckertwerke GmbH mit Sitz in Berlin und Zweigniederlassung in Nürnberg mit 90 Millionen Mark Kapital, an dem die Muttergesellschaften Siemens & Halske und die als Finanzgesellschaft weiterbestehende EAG zu fast gleichen Teilen beteiligt sind.

Rückblick in Zahlen (1873–1903)

Der erstaunliche Aufstieg der Firma Schuckert von kleinsten Anfängen bis zum weltweit bekannten Unternehmen der Starkstromtechnik ist in der grafischen Darstellung besonders eindrucksvoll zu übersehen. Aufgetragen sind die Mitarbeiterzahlen („Beamte" und Arbeiter zusammengerechnet) und der Umsatz. Für die Zeit von 1873 bis 1882 fehlen die Umsatzzahlen, doch ist die Zahl der jährlich gelieferten Maschinen aus Schuckerts Merkbüchern bekannt. Aus diesen wurde der Umsatz ab 1878 geschätzt.

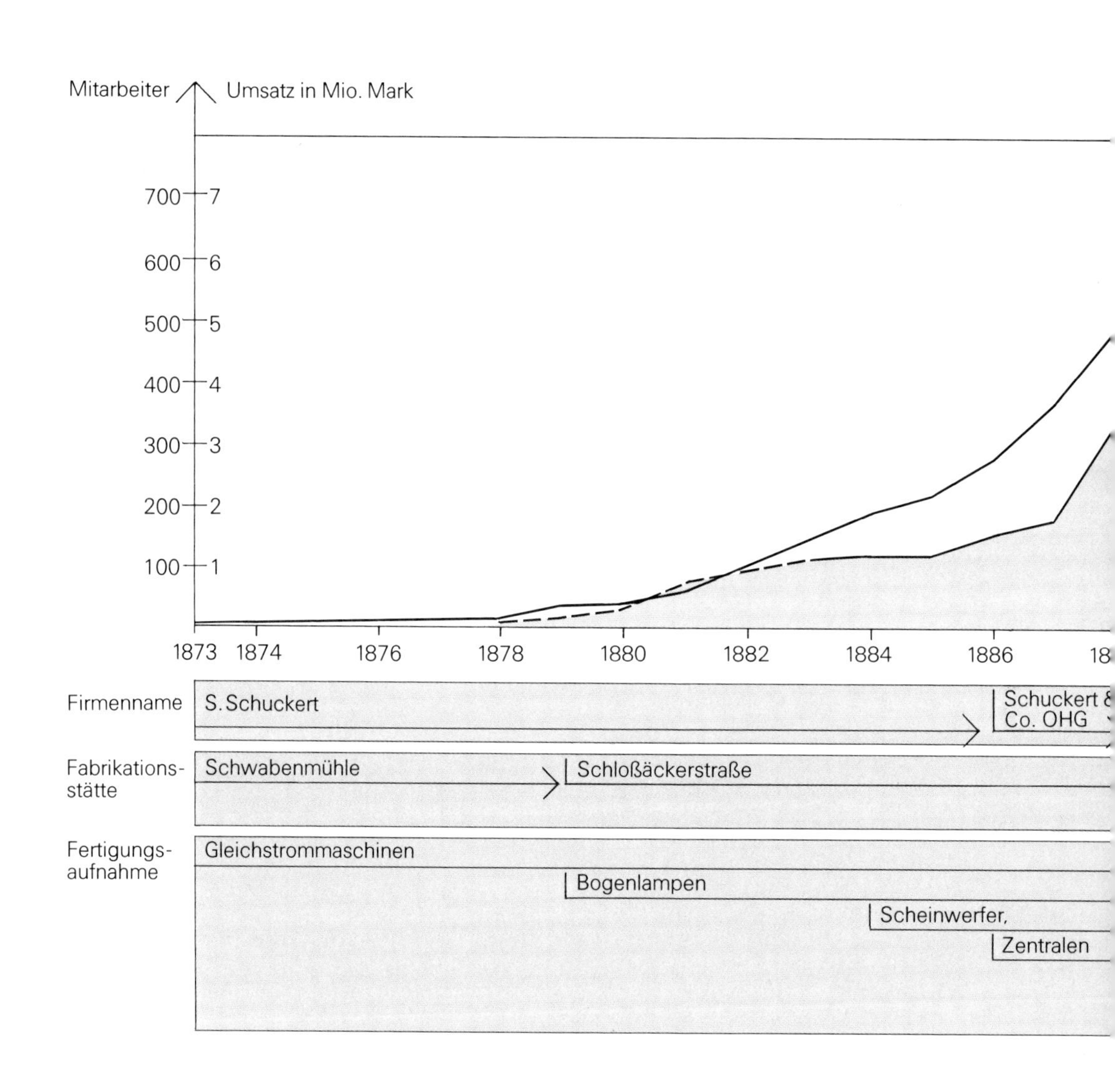

Man erkennt die fünf mageren Anfangsjahre, in denen Schuckert mit Heinisch und einigen Lehrlingen bis Ende 1878 immerhin 65 Dynamomaschinen hergestellt hat. Es waren kleine Maschinen mit Leistungen zwischen 1 und 3 kW, die für einen Stückpreis von ungefähr 340 Mark verkauft wurden. Viel war daran nicht zu verdienen. Was nach Abzug der nötigsten Betriebsausgaben übrigblieb, reichte wohl knapp für den bescheidenen Lebensunterhalt.

Erst gegen Ende der Zeit in der Schwabenmühle stieg der Umsatz und damit auch die Zahl der Mitarbeiter deutlich an. Die ersten Auslandsaufträge kamen. Maschinen wurden nach Schweden, England,

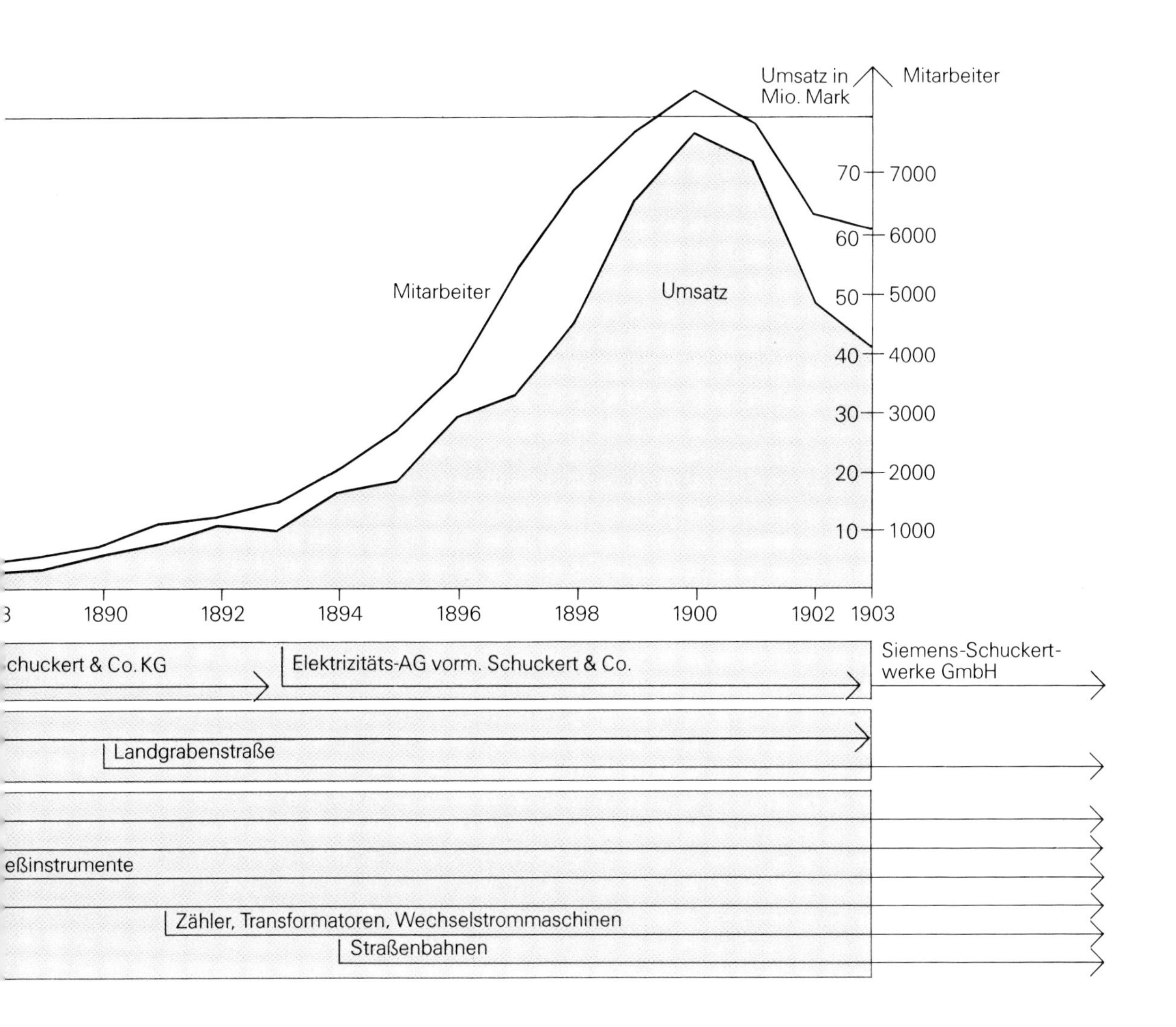

Rußland, Österreich, Italien und in die Schweiz geliefert. Unter den Kunden waren bedeutende Adressen, wie die Banknotendruckerei in St. Petersburg, die Technische Hochschule München und das Haus Wittelsbach. Solche Geschäfte und die damit verbundenen Referenzen festigten die Stellung Schuckerts.

Nach dem Umzug in die Schloßäckerstraße stieg die Zahl der produzierten Maschinen steiler an. Es waren aber noch immer kleine Maschinen: 1884 betrug deren durchschnittliche Leistung 3,3 kW und 1888, als der Bau von Zentralen schon eingesetzt hatte und jährlich über 600 Maschinen die Fabrik verließen, lag die Durchschnittsleistung bei 10 kW. Zu den Maschinen kamen ab 1879 die Bogenlampen, deren Produktionsziffern rasch anstiegen.

Erst seit dem Geschäftsjahr 1882/83 sind Umsatzzahlen bekannt. Ab 1884 machte sich der Einfluß des tüchtigen kaufmännischen Leiters Alexander Wacker auf die Förderung des Umsatzes bemerkbar. Von 1885 an erweiterte sich die Produktionspalette: Neben Maschinen und Lampen wurden nun auch elektrische Meßinstrumente gefertigt.

Vom Geschäftsjahr 1885/86 an erkennt man einen steilen Anstieg bei Umsatz und Mitarbeiterzahl. Dies ist auf den Beginn des Zentralenbaus zurückzuführen. In zwei Jahren sind fünf Zentralen mit den dazugehörenden Verteilernetzen errichtet worden.

Nach Inbetriebnahme der neuen Fabrik, 1890, stieg der Umsatz langsamer an als bisher, gleichzeitig wuchs aber die Zahl der Mitarbeiter stark. Dies kann mit der Umorganisation und der Einrichtung neuer Werkstätten erklärt werden. Das Geschäftsjahr 1892/93 ergab einen leicht gesunkenen Umsatz. Wie schon erwähnt, machte sich zu dieser Zeit starke Konkurrenz bemerkbar, die zum Sinken der Preise bei gleichzeitiger Zurückhaltung der Kunden führte. Vielleicht hat auch eine Rolle gespielt, daß Schuckert um diese Zeit aus der Firmenleitung ausschied und manche Stammkunden noch auf seine Person fixiert waren.

Danach aber stiegen Umsatz und Mitarbeiterzahl immer steiler an und rechtfertigten die enormen Investitionen für Bau und Einrichtung neuer Werkstätten in den Jahren 1894 bis 1898. Der Höhepunkt wurde um 1900 erreicht. 1901 setzte eine Wirtschaftskrise ein und bewirkte einen starken Rückgang des Umsatzes. Auch die Zahl der Mitarbeiter mußte erst zögernd, dann aber drastisch zurückgenommen werden. Dieser Absturz, hauptsächlich durch die finanzielle Überlastung der Firma bewirkt, wurde schließlich 1903 durch die Konzentration der starkstromtechnischen Fabrikation beider Gesellschaften in der Siemens-Schuckertwerke GmbH und die Ausklammerung der belastenden Unternehmungen und Beteiligungen abgefangen. Für die moderne und leistungsfähige Fabrik Schuckerts war dadurch Fortbestand und erneuter Aufschwung gesichert.

Literatur

Cohen, R.: Schuckert, 1873–1923, Festschrift zum 50jährigen Bestehen. Nürnberg 1923

Franck, S.: Georg Hummel (1856–1902) ein Pionier der Elektrotechnik. Technikgeschichte 38 (1971) Nr. 3, S. 23 bis 254

Glaser, H.; Ruppert, W.; Neudecker, N. (Hrsg.): Industriekultur in Nürnberg. Hierin vor allem W. Ruppert: „Der Schuckert" und „Sigmund Schuckert, Mechaniker". München: C.H. Beck 1980

Kölbel, R.: Ausbildung und Schule im Leben Sigmund Schuckerts. Aus: Jahresbericht 1974/75 des Sigmund-Schuckert-Gymnasiums Nürnberg

Kölbel, R.: Aus den Merkheften des Nürnberger Industriepioniers Sigmund Schuckert. Aus: Jahrbuch für fränkische Landesforschung, Band 42, Jahrg. 1982

Lacina, E.: Johann Sigmund Schuckert, Leben und Werk eines Nürnberger Handwerkers, Erfinders und Unternehmers. Diplomarbeit 1973, Universität Erlangen-Nürnberg (unveröffentlicht)

Maier, A.: Sigmund Schuckert, Leben und Werk (1873–1895). Aus: Jahresbericht 1977/78 des Sigmund-Schuckert-Gymnasiums Nürnberg

Siemens, W. von: Lebenserinnerungen. 18. Aufl., München: Prestel-Verlag, 1986

Steen, J.: Die Zweite Industrielle Revolution. Frankfurt: Amt für Wissenschaft und Kunst der Stadt Frankfurt am Main, 1981

Weiher, S.v.: Tagebuch der Nachrichtentechnik von 1600 bis zur Gegenwart. Berlin: VDE-Verlag 1980

Sigmund Schuckert, 1846–1895. Ausstellungskatalog der Stadtbibliothek Nürnberg 77/1971 (Einführung von Sigfrid von Weiher)

Festschrift 1873–1898 zum 25jährigen Bestehen der Elektrizitäts AG vorm. Schuckert & Co, Nürnberg 1898

CIP-Titelaufnahme der Deutschen Bibliothek

Keuth, Heinz:
Sigmund Schuckert, ein Pionier der Elektrotechnik/
von Heinz Keuth. – [Berlin; München]:
Siemens-Aktienges., [Abt. Verl.], 1988

ISBN 3-8009-1520-0

ISBN 3-8009-1520-0

Herausgeber und Verlag: Siemens Aktiengesellschaft, Berlin und München

Printed in the Federal Republic of Germany